中国科学院西双版纳热带植物园
西双版纳傣族自治州国家级自然保护区管理局

ORCHIDS OF XISHUANGBANNA
DIVERSITY AND CONSERVATION

西双版纳的兰科植物
多样性和保护

高江云　刘　强　余东莉　主编

中国林业出版社

ORCHIDS OF XISHUANGBANNA
DIVERSITY AND CONSERVATION

西双版纳的兰科植物
多样性和保护

高江云　刘　强　余东莉　主编

图书在版编目（CIP）数据

西双版纳的兰科植物：多样性和保护 / 高江云, 刘强, 余东莉主编. -- 北京：中国林业出版社, 2013.12

ISBN 978-7-5038-7292-1

Ⅰ.①西… Ⅱ.①高… ②刘… ③余… Ⅲ.①兰科－多样性－研究－西双版纳傣族自治州②兰科－植物保护－研究－西双版纳傣族自治州 Ⅳ.①S682.31

中国版本图书馆CIP数据核字(2013)第295811号

中国林业出版社
环境园林图书出版中心

责任编辑 盛春玲 何增明

出版发行 中国林业出版社(100009 北京市西城区德内大街刘海胡同7号)
电话：(010)83227584
制 版 北京美光设计制版有限公司
印 刷 北京华联印刷有限公司
版 次 2014年1月第1版
印 次 2014年1月第1次
开 本 889mm×1194mm 1 / 16
印 张 15
字 数 530 千字
定 价 268.00 元

西双版纳的兰科植物
多样性和保护
编委会

主　　编： 高江云　刘　强　余东莉

编写人员：（按姓氏笔画排序）

刘　强　杨正斌　杨鸿培　余东莉

范旭丽　周　翔　高江云　盛春玲

主 摄 影： 刘　强　余东莉

摄　　影：（按姓氏笔画排序）

王永周　叶德平　刘光裕　刘景欣

李剑武　李　琳　杨　云　杨正斌

杨鸿培　邱开培　何瑞华　陈玲玲

范旭丽　林　华　金效华　周　翔

孟玉芳　段其武　莫小雪　殷建涛

高江云　盛春玲　蒋　宏　谭运洪

Foreword | 序 一

　　我国的热带地区仅占国土面积的2%，却孕育着全国30%以上的动植物，而土地面积仅1.9万平方千米的西双版纳，有种子植物4000余种，占全国植物种类的10%以上，是植物多样性的热点区域。然而，最近几十年来，和全球其他热带地区一样，在西双版纳，生物多样性保护与农业生产之间的矛盾日益凸显，橡胶等热带作物单一的种植园取代了多样化的森林，众多野生物种面临濒危，目前西双版纳的生物多样性保护问题异常严峻。

　　中国科学院西双版纳热带植物园作为区域性生物多样性保护的重要力量，长期和地方政府、各级自然保护区及相关机构合作，致力于本地区生物多样性的综合保护。近期更是开展了"西双版纳野生植物物种零灭绝保护计划"，旨在通过运用完全的"保护工具箱"，探讨区域生物多样性整体保护的策略和方法，为区域生物多样性保护提供样板。我园科技人员的最新研究结果显示，目前西双版纳严重受威胁的本土植物有100余种，其中有大约一半的种类是兰花，因此解决兰花的保护问题是西双版纳植物物种保护的关键。"西双版纳兰科植物的野外调查"就是中国科学院西双版纳热带植物园和西双版纳傣族自治州国家级自然保护区在此背景下开展的合作项目之一，在近3年的时间里，双方科技人员对西双版纳地区的兰科植物开展了系统的野外调查，获得了较为完整和系统的资料，为进一步开展相关研究和兰科植物的保护奠定了基础。

　　《西双版纳的兰科植物：多样性和保护》一书，系统地介绍了西双版纳地区兰科植物的多样性，也对中国科学院西双版纳热带植物园长期在兰科植物保护和相关研究方面所取得的成果进行了总结。全书图文并茂，语言生动，在学术研究、科普教育和保护实践上均有重要价值，是一本综合性的研究专著，值得一读。

中国科学院西双版纳热带植物园 主任 研究员
2013.08

Foreword | 序 二

　　全世界有兰科植物25 000种之多，主要分布在热带和亚热带地区。西双版纳是我国面积较小的热带地区之一，也是兰科植物多样性最为丰富的地区之一，同时还是很多种兰科植物在我国的主要或唯一的分布区。然而，长期以来对这一地区兰科植物的野外调查、相关研究和保护却相对滞后。橡胶种植、过度采集、生境破坏、气候变化等因素的影响和叠加效应，使越来越多的兰科植物的生存受到威胁，因此对西双版纳的兰科植物开展综合保护也愈加紧迫。

　　近期，西双版纳傣族自治州国家级自然保护区和中国科学院西双版纳热带植物园的科技人员开展了系统的野外调查，不仅摸清了西双版纳地区兰科植物的现状，还使西双版纳地区兰科植物的记录增加到115属428种，调查所获得的资料也为开展进一步的兰科植物保护奠定了基础，这也是双方长期开展科技合作的成果之一。本书正是在此基础上编著而成，全书不仅配以图片介绍了西双版纳地区108属365种兰科植物，标注了每个种的濒危状况等级，还系统介绍了与兰科植物综合保护相关的知识以及目前所开展的西双版纳兰科植物综合保护的进展和成果。

　　兰花人人喜爱！我国有着历史悠久、源远流长的兰花文化，认识兰科植物，才能更好地保护兰科植物。《西双版纳的兰科植物：多样性和保护》一书的编写和出版，为广大科技工作者和兰花爱好者了解西双版纳兰科植物的多样性打开了一扇门，也为宣传和开展西双版纳兰科植物的保护提供了有力的工具。

西双版纳傣族自治州国家级自然保护区管理局 局长
西双版纳傣族自治州林业局 局长
2013.08

Preface | 前 言

　　20多年前的1992年初春，我和其他4位同学怀着兴奋的心情来到神秘的西双版纳，在中国科学院西双版纳热带植物园开展为期3个月的大学毕业实习，有幸在这里第一次认识了吉占和先生。先生当时正主持和开展美国国家地理学会基金资助的课题——"中国西南热带地区兰科植物资源调查"，已对西双版纳地区兰科植物开展了数次系统和全面的野外调查，这是最后一次到版纳开展野外工作。在跟随先生开展的几次野外考察中，先生传授了大量兰科植物知识和摄影技巧，激起了我们对兰科植物的浓厚兴趣。那时版纳的条件异常艰苦，只能搭乘有限的公交车到达县城或乡镇，大部分时间需要徒步行走，常常一走就是数个小时；先生背包里总是带着一包奶粉和路边买的芭蕉，很多时候一整天就只能靠此充饥。正是在这样艰苦的条件下，先生完成了对西双版纳地区兰科植物的系统考察，所获得的资料也成为了随后出版的《中国兰花全书》和《中国野生兰科植物图鉴》两部兰科植物专著的重要组成部分。这两部专著和所发表的《云南西双版纳兰科植物》一文，以及所采集的大量兰科植物标本，为开展西双版纳兰科植物的研究和保护奠定了基础。在此，谨以本书向吉占和先生致敬！

　　时光如梭，光阴似箭，我在西双版纳植物园也工作了20余年，期间从事了不同的工作：兰圃管理、园林设计和施工、专类园建设、苗圃管理、植物引种驯化、野生花卉开发和利用、姜科植物繁殖生态学研究等，但内心一直未能放下对兰花的喜爱！2008年7月，在植物园领导和同事的支持下，组建了"濒危植物迁地保护与再引种"研究组，专门致力于西双版纳和相邻地区兰科植物的综合保护研究。一些热爱兰科植物的年轻科技人员——林华、周翔、范旭丽、刘强、邵士成、肖龙骞先后加入，开展了兰科植物的相关研究；来自天南地北、朝气蓬勃的硕士研究生——陈玲玲、盛春玲、张文柳、

字肖萌、陈莹、王喜龙、黄晖、Jessie Yuan-Chun Han 也相继加入团队，开展了一段与兰花为伴的学习和生活时光。

2010年10月，在西双版纳热带植物园和西双版纳傣族自治州国家级自然保护区管理局第五次科研合作交流年会上，我们提出了希望合作开展"西双版纳地区兰科植物多样性调查和濒危状态评估"项目的建议，立刻得到了陈进主任和杨松海局长的大力支持。随后，中国科学院植物研究所金效华博士也欣然同意一起开展联合考察。考察于2011年4月启动，两年多的时间里，一群对兰花近乎痴迷的年轻科技人员沿着吉占和先生的足迹，踏遍了版纳的山山水水。本次考察的结果令人惊喜，共记录到兰科植物76属253种，其中有36属的65种为西双版纳的新记录种！版纳地区兰科植物多样性之丰富出乎意料，这也意味着对版纳地区兰科植物的保护更加紧迫！本书正是在这次联合考察的基础上，整合了本研究组近年来在兰科植物综合保护研究上的一些阶段性成果和进展编著而成，希望能让更多的人认识并欣赏到西双版纳多姿多彩的兰科植物，为西双版纳兰科植物的保护起到积极的促进作用。

感谢中国科学院西双版纳热带植物园陈进主任和西双版纳傣族自治州国家级自然保护区管理局杨松海局长百忙中为本书作序！中国科学院西双版纳热带植物园学术委员会委员李庆军、朱华和周浙昆研究员对书稿进行了评审，提出了大量的建议和意见；朱华研究员还对书稿的第1章进行了详细的审阅和修改，在此一并致谢！

中国科学院西双版纳热带植物园 研究员
2013.08

高江云

$\mathcal{C}$ontents｜目 录

第 7 章

西双版纳的
自然环境

西双版纳是我国云南省的一个傣族自治州，位于云南省南部，地处北纬21°09′～22°36′，东经99°58′～101°50′之间，属于东南亚热带的北缘地区（图1-1）。西双版纳州由景洪市、勐腊县和勐海县组成，总面积约19 690km²，南面与老挝和缅甸接壤，整个地势周围高，中部低，由北向南逐渐倾斜。全州95%的面积为山原地貌，中间分布着许多大小不一的盆地（坝子）。全州海拔变化范围较大，从最低处的澜沧江与南腊河交汇处的480m，到最高处勐海县勐宋乡桦竹梁子山顶的2430m，海拔高度相差近2000m。西双版纳为典型的热带季风气候，南部终年受印度洋季风的影响，年平均气温22℃，年降水量为1200～1556mm，有明显的雨季和干季之分，80%的降雨量在5月至10月底的雨季。西双版纳北部为横断山山脉的南缘，冬季起到阻挡北方寒流的屏障作用，山地地貌又使得干季有浓雾，同时，区内澜沧江纵贯南北，其支流东西交错，形成了水热条件良好的温暖、湿润、静风的热带湿热气候。西双版纳虽地处热带的北缘和较高的海拔地区，但其特殊的地理位置、多样的地形地貌和优越的气候条件孕育了丰富的植物资源和多样的植被类型，这也使得西双版纳地区具有极其丰富的兰科植物。全区有野生种子植物188科1242属4152种（包括38亚种、294变种和5变型），其中83.5%的种类为热带属，32.8%的种类为亚洲热带特有种（Zhu *et al*.，2006；朱华和闫丽春，2012），目前全州共记录到兰科植物115属428种。

全州范围内，从南到北，植被由热带植被类型向南亚热带植被类型过渡，同时，在垂直方向上，随海拔的升高，植被类型也同样发生这种交替。在这种地带群落交错区内，热带雨林、热带季雨林以及南亚热带常绿阔叶林并排出现在同一总体气候条件下，形成了丰富多样的植被类型。西双版纳的植被可划分为4个主要的类型：热带雨林（tropical rain forest）、热带季节性湿润林（tropical seasonal moist forest）、热带山地常绿阔叶林（tropical montane evergreen broad-leaved forest）和热带季雨林（tropical monsoon forest）。

西双版纳的**热带雨林**又可划分为热带季节性雨林（tropical seasonal rain forest）和热带山地雨林（tropical montane rain forest）2个亚型。热带季节性雨林通常分布在海拔900m以下的地区，从外观上看整个森林层次分明，具有明显的3～4个乔木层（图1-2）。最上层的乔木高度超过30m，凸出林冠高耸入云，如龙脑香科的望天树 *Parashorea chinensis*、滇南风吹楠 *Horsfieldia*

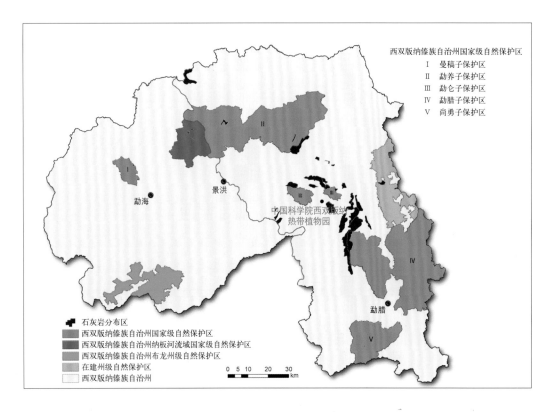

西双版纳傣族自治州国家级自然保护区
　Ⅰ　曼稿子保护区
　Ⅱ　勐养子保护区
　Ⅲ　勐仑子保护区
　Ⅳ　勐腊子保护区
　Ⅴ　尚勇子保护区

勐海　　景洪
中国科学院西双版纳
热带植物园
勐腊

石灰岩分布区
西双版纳傣族自治州国家级自然保护区
西双版纳傣族自治州纳板河流域国家级自然保护区
西双版纳傣族自治州布龙州级自然保护区
在建州级自然保护区
西双版纳傣族自治州

0 5 10　20　30
km

图1-1
西双版纳傣族自治州。州内各级自然保护区位置及石灰岩山分布图

图1-2
热带季节性雨林具有明显的乔木分层特征

图1-3
一棵树上不同兰科植物同时开花，形成了热带雨林特有的"空中花园"景观

图1-4
附生在同一树干上的矮柱兰 *Thelasis pygmaea*、钝叶苹兰 *Pinalia acervata* 和掌唇兰 *Staurochilus dawsonianus* 同时开花

tetratepala、大肉实树 *Sarcosperma arboreum*、绒毛肉实树 *S. kachinense* 等。第2层为主要的林冠层，主要树木种类有云树 *Garcinia cowa*、蚁花 *Mezzettiopsis creaghii*、勐腊核果木 *Drypetes hoaensis*、木奶果 *Baccaurea ramiflora*、美脉杜英 *Elaeocarpus varunua*、海南藤春 *Alphonsea hainanensis* 等，树干上附生有丰富的兰科植物，初略统计有的一个树干上就有40余种兰科植物，不同兰科植物和一些附生的苦苣苔科、萝摩科等植物同时开花，形成了热带雨林特有的"空中花园"景观（图1-3）。最常见的兰科植物有长茎羊耳蒜 *Liparis viridiflora*、密花石豆兰 *Bulbophyllum odoratissimum*、矮柱兰 *Thelasis pygmaea*、掌唇兰 *Staurochilus dawsonianus*、窄唇蜘蛛兰 *Arachnis labrosa*、多花脆兰 *Acampe rigida* 等（图1-4）。热带季节性雨林的第3～4层为小乔木和幼树

层，高度为5～18m。林中板根和老茎生花现象很常见，巨大的木质藤本植物和附生植物极为丰富（图1-5）。林下由于光线较弱，仅有少量的地生和腐生兰科植物，如三褶虾脊兰 *Calanthe triplicata*、管花兰 *Corymborkis veratrifolia*、金线兰 *Anoectochilus roxburghii*、虎舌兰 *Epipogium roseum*、肉药兰 *Stereosandra javanica* 等。根据生境和植物种类不同，热带季节性雨林又可分为低山季节性雨林和沟谷季节性雨林2种类型（Zhu *et al.*，2006）。而热带山地雨林则主要分布在海拔900～1600m的湿润山地生境，结构上由2～3层树组成，20～30m高，上层的树形成较完整的林冠层，没有凸出林冠的高大树木（图1-6）。优势树种有糖胶树 *Alstonia scholaris*、合果木 *Paramichelia baillonii*、多花含笑 *Michelia floribunda*、八蕊单室茱萸 *Mastixia euonymoides*、长蕊木兰

图1-5
热带季节性雨林中特有的板根、老茎生花现象和巨大的木质藤本
A 四数木 *Tetrameles nudiflora* 板根
B 老茎生花——木奶果 *Baccaurea ramiflora*
C 巨大的木质藤本
D 老茎生花——苹果榕 *Ficus oligodon*

Alcimandra cathcartii、少花樫木 *Dysoxylum spicatum*、红木荷 *Schima wallichii*、滇楠 *Phoebe nanmu*、滇南红厚壳 *Calophyllum polyanthum*、大萼楠 *Phoebe megacalyx*、叶轮木 *Ostodes paniculata*、裸花树 *Gymnanthes remota* 等（Zhu et al., 2006）。热带山地雨林中有丰富的木质藤本和附生植物，但板根和老茎生花植物较少见，大量兰科植物栖身于这一类型的森林中，如反瓣石斛 *Dendrobium ellipsophyllum*、墨兰 *Cymbidium sinense*、叉枝牛角兰 *Ceratostylis himalaica*、湿唇兰 *Hygrochilus parishii*、长苏石斛 *D. brymerianum*、拟兰 *Apostasia odorata*、粗茎苹兰 *Pinalia amica*、赤唇石豆兰 *Bulbophyllum affine* 等。

西双版纳的**热带季节性湿润林**主要分布于海拔650～1300m的石灰岩山的中、上部地带（图1-7），由于石灰岩山中部的地

型和生境变化较大，至使此类森林在外貌和区系成分的组成上差异明显。在阴坡、低丘顶部和较高的山丘上部呈常绿季相，在较为宽阔而干燥的沟谷中和中低山丘的干燥阳坡则呈半常绿季相，次生林在干燥的阳坡呈落叶季相，森林高度通常为20～25m，在局部地方部分落叶大树也可高达30m，乔木层通常具有2个清楚的层次，林内木质藤本丰富，厚叶的维管植物普遍，板根和老茎生花现象相对较少。轮叶戟 *Lasiococca comberi* var. *pseudoverticillata* 和清香木 *Pistacia weinmannifolia* 是顶层的优势树种，而剑叶龙血树 *Dracaena cochinchinensis* 和闭花木 *Cleistanthus sumatranus* 则通常为第2层的优势植物。林下最常见的藤本植物为云南翅子藤 *Loeseneriella yunnanensis* 和风筝果 *Hiptage benghalensis*，草本植物以荨麻科Urticaceae的藤麻 *Procris crenata*、楼梯草属

Elatostemma、冷水花属*Pilea*的植物较为丰富（王洪等，1997; Zhu *et al.*, 2006）。种类繁多的附生兰科植物生长于顶层大树的树干和枝条上，一些石灰山顶的岩石上也长满了兰科植物，蔚为壮观，最常见的种类有禾叶贝母兰*Coelogyne viscosa*、栗鳞贝母兰*C. flaccida*、宽叶厚唇兰*Epigeneium amplum*、芳香石豆兰*Bulbophyllum ambrosia*、流苏石斛*Dendrobium fimbriatum*等（图1-8）。

热带山地常绿阔叶林在西双版纳分布在海拔1000m以上的山坡和海拔1300m以上的山谷地带（图1-9）。以壳斗科Fagaceae 和樟科Lauraceae的植物为主形成了15～25m高的林冠层，如小果锥*Castanopsis fleuryi*、多变柯*Lithocarpus variolosus*、耳叶柯*L. grandifoliu*、截果柯*L. truncatus*、湄公锥*Castanopsis mekongensis*、细毛润楠*Machilus tenuipila*、红梗润楠*M. rufipes*等；下层植物以四角蒲桃*Syzygium tetragonum*、毛狗骨柴*Diplospora fruticosa*、钝叶桂*Cinnamomum*

图1-6 西双版纳的热带山地雨林外观

图1-7 石灰岩山热带季节性湿润林外观

图1-8 石灰山顶的树干（A）和岩石（B）上长满了种类繁多的附生兰科植物

图1-9 热带山地常绿阔叶林外观

bejolghota、大参*Macropanax dispermus*、假山萝*Harpullia cupanioides*、云南银柴*Aporusa yunnanensis*、披针叶楠*Phoebe lanceolata*等为优势植物，通常3～15m高。兰科的石斛属*Dendrobium*、石豆兰属*Bulbophyllum*、毛兰属*Eria*的很多种类及大花万代兰*Vanda coerulea*、小蓝万代兰*V. coerulescens*、长叶隔距兰*Cleisostoma fuerstenbergianum*、大花钗子股*Luisia magniflora*等附生于林中树干上，地生兰常见的有美叶沼兰*Crepidium calophyllum*、无耳沼兰*Dienia ophrydis*、绿花斑叶兰*Goodyera viridiflora*、筒瓣兰*Anthogonium gracile*、苞舌兰*Spathoglottis pubescens*、宽叶线柱兰*Zeuxine affinis*等。

热带季雨林是在强烈季风气候影响下的一种热带落叶森林，可以看作是季节性雨林和稀树草原的一种中间过渡类型的森林。西双版纳的季雨林通常分布在澜沧江河岸和受强烈季风气候影响而每年有明显干旱期的宽阔坝子地带，并呈斑块分布在季节性雨林中间，通常20～25m高，由1～2层落叶树构成，较少有木质藤本和附生植物（图1-10）。常见的植物有木棉*Bombax malabaricum*、高山榕*Ficus altissima*、毛麻楝*Chukrasia tabularis* var. *velutina*、劲直刺桐*Erythrina strica*、越南枫杨*Pterocarya tonkinensis*、楹树*Albizia chinensis*、重阳木*Bischofia polycarpa*、洋紫荆*Bauhinia variegata*、榆绿木*Anogeissus acuminata*、羽叶楸*Stereospermum colais*、帽蕊木*Mitragyna rotundifolia*等，经常是以一种或几种乔木为优势的群落（Zhu *et al*., 2006）。热带季雨林中兰科植物较少，仅见阔蕊兰*Peristylus goodyeroides*、景洪白蝶兰*Pectelis sagarikii*、长叶苞叶兰*Brachycorythis henryi*、莲座玉凤花*Habenaria plurifoliata*、密花玉凤花*H. furcifera*、版纳玉凤花*H. medioflexa*等地生兰。

西双版纳以山原地貌为主，在东部的勐腊县勐远村至景洪市勐养镇一带还分布着大面积的石灰岩山，面积约3600km²，约占全州总面积的19%，其呈南北走向，以块片状分布于海拔600～1600m的地带（图1-1）。石灰岩山森林是组成西双版纳地区植被的主要类型之一，其主要原生植被有热带季节性雨林、热带季节性湿润林和热带山地矮树林3个植被类型，其下又可分细为6个容易区别的森林类型（王洪等，

图1-10

图1-10
河岸热带季雨林

图1-11
石灰岩山"上有森林，下有石林"的奇特景观

1997; Zhu *et al*., 2003）。石灰岩山由于其发育完好的典型喀斯特地貌、复杂的生境和多样的植被类型，形成了"上有森林，下有石林"的奇特景观（图1-11）。这样的生境中，兰科植物种类异常丰富，以西双版纳热带雨林国家公园绿石林景区为例，在225hm²的范围内，初步调查就有兰科植物31属49种，其中附生兰40种，地生兰8种和腐生兰1种，很多种类个体数量也相当大，一些树干、岩石上长满了不同的兰科植物，可谓兰花的世界！

我国的热带区域面积相对较小，热带雨林分布西起喜马拉雅山南麓，向东延伸到云南南部的西双版纳，经广西南部到广东、海南岛及台湾的南端，呈一条连续

的细带状分布，而面积较大的仅有海南岛和西双版纳，其他地区仅为零星分布。目前，西双版纳州有2个国家级、1个州级及若干个县市级自然保护区，在保护各种类型森林植被和珍稀动植物中发挥了重要作用。**西双版纳傣族自治州国家级自然保护区**始建于1958年，总面积为242 510hm²，由地域上相近而又不相连的勐养、曼稿、勐仑、勐腊、尚勇五个子保护区组成，是以保护我国面积最大、保存较完整的热带森林生态系统和我国大陆热带特征最为典型的热带生物多样性为主要目的，并以保护热带北缘雨林植被和热带珍稀濒危特有动植物种群及其生境为主要管理目标的综合性自然保护区。**西双版纳傣族自治州纳板河流域国家级自然保护区**于1991年7月经云南省人民政府批准建立为省级自然保护区，2000年4月晋升为国家级自然保护区，是我国第一个按小流域生物圈保护理念规划建设的多功能、综合型自然保护区。保护区以纳板河流域为主，总面积26 600hm²，地势西北高、东南低，最高海拔2304m，最低海拔539m；自然条件复杂，立体气候明显，具有西双版纳所分布的8种植被类型，主要保护对象为以热带雨林为主体的森林生态系统及珍稀野生动植物。**西双版纳傣族自治州布龙州级自然保护区**建立于2009年10月，位于西双版纳州西南部，南与缅甸接壤，总面积35 485hm²，保护区共涉及国境线长18.5km；保护区呈阶梯状分布着从热带季节性雨林到热带山地雨林等较全面的植被类型，野牛、云豹、黑熊和长蕊木兰、八蕊单室茱萸、千果榄仁、绒毛番龙眼等国家重点保护动植物广泛分布，是生物多样性十分丰富和集中的区域，具有较高的保护价值（图1-1）。

正是由于这些保护区的建立和长期的有效管理和维护，使得西双版纳拥有我国目前保存最好、面积最大也最为完整和连续的热带雨林。从全州来看，热带雨林主要分布在东南部的勐腊县，热带季节性湿润林分布于勐腊县和景洪市的石灰岩山地，热带山地常绿阔叶林分布于全州海拔900～1000m以上山地，热带季雨林则主要分布在河岸和河谷地带（图1-12）。世界上与西双版纳同一纬度带的陆地，基本上被稀树草原、荒漠和沙漠所占据，形成了"回归沙漠带"，而西双版纳这片绿洲，犹如镶嵌在这条"回归沙漠带"上的一颗璀璨的绿宝石。

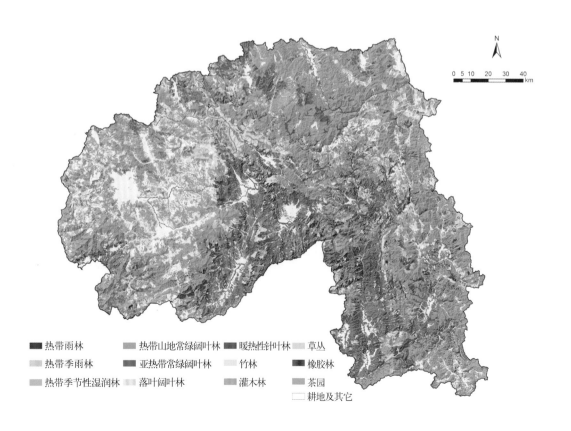

■ 热带雨林　　　　■ 热带山地常绿阔叶林　■ 暖热性针叶林　　■ 草丛
■ 热带季雨林　　　■ 亚热带常绿阔叶林　　■ 竹林　　　　　　■ 橡胶林
■ 热带季节性湿润林　■ 落叶阔叶林　　　　　■ 灌木林　　　　　■ 茶园
　　　　　　　　　　　　　　　　　　　　　　　　　　　　　　　□ 耕地及其它

图1-12
西双版纳主要植被类型
分布图

第 2 章
西双版纳兰科植物
多样性和野外考察

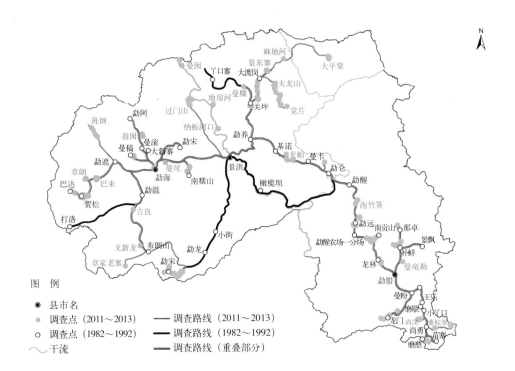

图2-1
2次西双版纳地区兰科植物专项考察线路和调查地点

西双版纳在1953年1月成立傣族自治州之前，一直沿袭着漫长的封建领主制。极为闭塞的交通和富饶的自然资源，使以傣族为主的各民族一直生活在一种自给自足的农业自然经济社会之中，这也使得这一地区的植物资源得以较完整的保存，丰富的植物种类长期以来并不被外界所知。1959年，在我国著名植物学家蔡希陶教授领导下创建了中国科学院西双版纳热带植物园，开始了对西双版纳地区植物的系统调查、引种驯化和综合保护的研究。兰科植物也一直是西双版纳热带植物园开展科学研究、引种收集和迁地保护的重点植物类群，从建园至今，从未间断过对兰科植物的野外考察和引种。

从兰科植物引种信息记录来看，西双版纳热带植物园从1959年至2010年间，共引种兰科植物3989号，其中有准确学名记录的399种，由于没有开花或缺乏资料无法鉴定的为1548号，仅有引种号无任何信息的533号，重复引种的1458号。从引种来源看，云南省内是最重要的引种地点，有3083个引种号，占总引种号数的77%，但主要还是集中在西双版纳地区和相邻的普洱地区，两地共引种2230号，占总引种号数的56%。西双版纳热带植物园于1983年建立了占地面积约1hm^{2}的兰圃，并逐步成为了以本地区野生种类为主，开展兰科植物引种收集、展示和迁地保护的专类园区。在20世纪90年代，所

收集和展示的西双版纳地区野生兰科植物约280种，并对所有的种类开展了长期而系统的物候和生长情况的观测记录。2000年，在西双版纳热带植物园热带雨林区内，建立了占地面积9.08亩（1亩＝1／15hm^2）的野生兰园，将兰圃的野生兰科植物搬迁至此，利用半自然的热带雨林模拟其自然生境，对约200种野生兰科植物，进行栽培和展示，而原来的兰圃则改为荫生植物园，保留外引的兰科植物种类和园艺品种。

在1980至1992年期间，中国科学院植物研究所吉占和研究员主持开展了美国国家地理学会基金资助课题"中国西南热带地区兰科植物资源调查"，先后对西双版纳地区兰科植物开展了7次总计一年多时间的系统和全面的野外调查。西双版纳热带植物园的张维柱、黄文、高江云等科技人员也参与了部分野外调查。调查涉及西双版纳全境所有植被类型和大部分区域（图2-1），共记录到兰科植物96属的335种和2个变种。其中，巾唇兰属*Pennilabium* J.J. Smith和虾尾兰属*Parapteroceras* Averyanov为我国的新记录属，21种和1变种为本区的特有种，包括14个新种；在335种中，有190种为西双版纳的新记录，50种为全国的新记录。从当时的数据来看，西双版纳的兰科植物的属数与本区的豆科植物（96属）同居第一，而种数远超过豆科植物（275种）居首位；本区兰科植物的种类，约占我国兰科植物属数的一半以上、种数

的1/3，约占云南全省兰科植物属数的90%、种数的一半；与自然气候条件相当的我国海南省和台湾省比较，无论属和种的数量都比海南丰富，而相当于台湾的属种数，可见西双版纳是我国兰科植物分布最集中的地区之一。从本区兰科植物区系看，热带性很明显，与邻近的泰国、缅甸、老挝等有密切的关系（吉占和和陈心启，1995）。本次调查获得了西双版纳地区兰科植物较为完整和系统的资料，为进一步开展相关研究和兰科植物的保护奠定了基础。

此后的近20年间，尽管没有开展过兰科植物的专项考察，但在各种野外考察和兰花爱好者的采集过程中，也有22属的32种兰科植物被发现和记录，其中，短距叉柱兰 *Cheirostylis calcarata* 为新种（金效华和陈心启，2007），反瓣叉柱兰 *C. thailandica*、隔距兰属的 *Cleisostoma rolfeanum*、杓唇扁石斛 *Dendrobium chrysocrepis*、绿花绒兰 *Dendrolirium lanigerum* 和凹唇石仙桃 *Pholidota convallariae* 为中国新记录种（胡爱群等，2008；李琳等，2009; 2010; Ormerod, 2010），其余26种西双版纳新记录种并没有以文章形式发表，但都是在历次的野外考察中或采集中被发现和记录到，并采集标本由兰科植物分类专家所鉴定（表2-1）。

西双版纳热带植物园于2008年成立的"濒危植物迁地保护与再引种"研究组（http://ecrg.groups.xtbg.ac.cn/），专门致力于西双版纳和相邻地区兰科植物的综合保护研究。在2011～2013年期间，联合西双版纳傣族自治州国家级自然保护区管理局科研所、中国科学院植物研究所开展了8次系统的兰科植物多样性专项考察。参加考察的人员有西双版纳热带植物园的林华、刘强、谭运洪、李剑武、张文柳、周翔、陈玲玲、高江云、王晓静、邵士成等，西双版纳傣族自治州国家级自然保护区管理局科研所的余东莉、杨鸿培、杨正斌和中国科学院植物研究所金效华（图2-2），考察从2011年4月启动，在一年中的不同季节分次开展，进行了物种野外鉴定和地理信息定位，对成熟个体数量、生长状况、自然结实率、是否有更新幼苗、生长类型（地生、附生或腐生）、附主植物种类和胸径大小、小生境等进行了详细的观察、统计和记录，采集了部分种类的果实和标本，并进行了照片拍摄。考察线路覆盖了吉占和先生上次调查的大部分地点

（图2-1），获得的数据和资料为了解不同种类在过去20年间的分布范围变化、探讨和分析变化的原因、进一步制定保护策略提供了依据。本次考察共记录到兰科植物76属的253种，其中36属的65种为西双版纳的新记录，包括2个我国的新记录属——泰兰属 *Thaia* Seidenfaden和袋距兰属 *Lesliea* Seidenfaden，4个新种和14个中国新记录种（表2-2）。

西双版纳地区的兰科植物种类在吉占和和陈心启（1995）调查的基础上不断有新属、新种和新记录种被发现，说明了这一地区的兰科植物多样性可能被低估了。导致西双版纳地区兰科植物多样性被低估的原因很多，但主要原因为：①西双版纳地区兰科植物非常丰富，一些兰科植物分布区非常狭窄或者比较特殊，导致他们在历次野外考察中被忽略；②由于西双版纳是热带地区，兰科植物的花期比较分散，而且许多种类花期比较短，由于没有见到花而在历次野外考察中被忽略；③由于鉴定困难和一些野外考察中缺少兰科分类专家参与等导致西双版纳地区兰科植物在野外考察中被忽略或者鉴定错误。与此同时，这20年也是西双版纳地区经济发展最为快速的时期，大规模的橡胶、茶叶等经济作物的种植，使原始森林的面积不断缩小和退化，导致许多兰科植物的生境不断的收小和严重破碎化，并可能进一步影响一些兰科植物的传粉系统；另外，由于过度采集和贸易活动，特别是对一些有药用和观赏价值的类群，如石斛属、万代兰属、鹤顶兰属、兜兰属等，导致一些兰科植物的野生种群数量急剧减少，许多物种已经没有自我更新能力，部分物种甚至已经在野外消失。

《Flora of China》中的兰科植物分类标准，把以前的毛兰属 *Eria* Lindley划分为薄兰属 *Bryobium* Lindley、蛤兰属 *Conchidium* Griffith、柱兰属 *Cylindrolobus* Blume、绒兰属 *Dendrolirium* Blume、苹兰属 *Pinalia* Lindley、拟毛兰属 *Mycaranthes* Blume、毛鞘兰属 *Trichotosia* Blume、钟兰属 *Campanulorchis* Brieger、气穗兰属 *Aeridostachya* (J.D. Hooker) Brieger和毛兰属 *Eria* Lindley 10个不同的属；将原沼兰属 *Malaxis* Solander ex Swartz分为沼兰属 *Crepidium* Blume和无耳沼兰属 *Dienia* Lindley两个属；球柄兰属 *Mischobulbum* Schlechter和安兰属 *Ania* Linley被并入带唇

兰属*Tainia* Blume；豹斑石豆兰*Bulbophyllum colomaculosum* Z. H. Tsi & S. C. Chen被处理为短萼石豆兰*B. leopardinum* (Wallich) Lindley的异名；狭萼石豆兰*B. somai* Hayata被处理为圆叶石豆兰*B. drymoglossum* Maximowicz ex Okubo的异名；少花石豆兰*B. subparviflorum* Tsi et S.C.Chen被处理为*B. secundum* J.D. Hooker（中文名沿用）的异名；箭唇羊耳蒜*Liparis aurita* Ridley被处理为小巧羊耳蒜*L. delicatula* J.D. Hooker的异名，绿脊金石斛*Flickingeria tricarinata* var. *viridilamella*被处理为三脊金石斛*F. tricarinata*的异名（Chen et al., 2009）。

我们在对本次调查资料的整理和分析基础上，对西双版纳地区历史上采集到的兰科植物标本进行了全面的研究，并对相关文献和资料进行了考证，依据此分类标准，对西双版纳地区的兰科植物种类进行了整理和总结，同时，去除了吉占和和陈心启（1995）名录中收录的一些栽培种，如黄蝉兰*Cymbidium iridioides* D. Don、春剑 *C. tortisepalum* var. *longibracteatum* (Y.S. Wu & S.C. Chen) S.C. Chen & Z.J. Liu，目前记录到的西双版纳野生兰科植物总数为115属428种。

在吉占和和陈心启（1995）的西双版纳地区兰科植物名录中，列出了21个特有种，但根据《Flora of China》中的兰科植物分类标准，豹斑石豆兰被处理为短葶石豆兰的异名，且在越南、老挝等国家也有分布，绿脊金石斛被处理为三脊金石斛的异名；线瓣石豆兰*B. gymnopus*、少花石豆兰*B. secundum*、厚叶苹兰*Pinalia pachyphylla*、山珊瑚*Galeola faberi*、长穗钗子股*Luisia longispica*、大花钗子股*L. magniflora*、无齿鸢尾兰*Oberonia delicata*、大花鹤顶兰*Phaius wallichii*、卵叶带唇兰*Tainia longiscapa*、同色白点兰*Thrixspermum trichoglottis* 10种在国内其他地区或其他国家也发现有分布；松山杓兰*Cypripedium* sp.标本和野外植株都未见，很难确定此种。因此，可确定的特有种仅有7种，加上近年来发现和发表的5个本区特有种，目前西双版纳地区的兰科植物特有种为12种（表2-3）。

表2-1 1992～2010年期间新增的西双版纳兰科植物新记录种名录

种 名	分布和生境
指甲兰*Aerides falcata* Lindley& Paxton	勐腊，海拔600～1700m，林缘树干上
牛齿兰*Appendicula cornuta* Blume	勐腊，海拔800～1200m，林中树干或阴湿石壁上
胼胝兰*Biermannia calcarata* Averyanov	勐腊，海拔800m左右，沟谷雨林树干上
藓叶卷瓣兰*Bulbophyllum retusiusculum* H.G. Reichenbach	勐海，海拔700～2300m，林中树干或林下岩石上
黄兰*Cephalantheropsis obcordata* (Lindley) Ormerod	勐腊，海拔650～1400m，密林下
短距叉柱兰*Cheirostylis calcarata* X.H. Jin & S.C. Chen	勐腊，海拔1200m左右，石灰山森林林下
*全唇叉柱兰*Cheirostylis takeoi* (Hayata) Schlechter	勐腊，海拔800m左右，潮湿阔叶林下
反瓣叉柱兰*Cheirostylis thailandica* Seidenfaden	勐腊，海拔1200m左右，林下腐殖质中
隔距兰属*Cleisostoma rolfeanum* (King & Pantl.) Garay	景洪，海拔1700m左右，季风常绿阔叶林树上
白花贝母兰*Coelogyne leucantha* W.W. Smith	勐海和勐腊，海拔1500～2600m，树干或岩石上
*鞍唇沼兰*Crepidium matsudae* (Yamamoto) Hatusima	勐腊，海拔1100～1200m，石灰山森林林下
杓唇扁石斛*Dendrobium chrysocrepis* C.S.P Parish & H.G. Reichenbach ex J.D. Hooker	勐腊，海拔1200m左右，石灰山森林石壁上或树干上
聚石斛*Dendrobium lindleyi* Steudel	勐海，海拔1000m左右，疏林中树干上
绿花绒兰*Dendrolirium lanigerum* Seidenfaden	勐腊，1200m左右，石灰山森林树干或岩石上
白棉绒兰*Dendrolirium lasiopetalum* (Willdenow) S.C. Chen & J.J. Wood	勐腊，海拔1200～1700m，石灰山森林或常绿阔叶林下岩石上或树干上
拟锚柱兰*Didymoplexiopsis khiriwongensis* Seidenfaden	勐腊，海拔700～800m，湿润常绿阔叶林下
宽叶厚唇兰*Epigeneium amplum* (Lindley) Summerhayes	勐腊和景洪，海拔1000～1900m，树干或岩石上
地宝兰*Geodorum densiflorum* (Lamarck) Schlechter	勐腊，海拔1500m以下，林下、溪旁、草坡里
凸孔坡参*Habenaria acuifera* Wallich ex Lindley	勐海，海拔600～2000m，林下、灌丛或草地中
广西舌喙兰*Hemipilia kwangsiensis* T. Tang et F. T. Wang ex K. Y. Lang	勐腊，海拔800～950m，石灰山森林中腐殖质丰富的石壁上
爬兰*Herpysma longicaulis* Lindley	景洪，海拔1200m左右，山坡密林下
钗子股*Luisia morsei* Rolfe	勐腊，海拔700m左右，山地林中树干或石壁上
长须阔蕊兰*Peristylus calcaratus* (Rolfe) S.Y. Hu	勐海，海拔550～1340m，山坡草地或林下
纤茎阔蕊兰*Peristylus mannii* (H.G. Reichenbach) Makerjee	勐海，海拔1800～2300m，草地中
鹅白苹兰*Pinalia stricta* (Lindley) Kuntze	勐腊，海拔800～1700m，山坡岩石或树干上
凹唇石仙桃*Pholidota convallariae* (E.C.Parish & H.G.Reichenbach) J.D.Hooker	勐腊，海拔1500m，常绿阔叶林树干上
肉药兰*Stereosandra javanica* Blume	勐海和勐腊，海拔1200m以下，林下
竹茎兰*Tropidia nipponica* Masamune	勐腊，海拔800～1000m，林下阴湿处或竹林中
叉唇万代兰*Vanda cristata* Lindley	勐腊，海拔700～1650m，常绿阔叶林中树干上
琴唇万带兰*Vanda concolor* Blume	勐海和勐腊，海拔800～1200m，树干上或岩壁上
大花线柱兰*Zeuxine grandis* Seidenfaden	勐海和勐腊，海拔800～1200m，林下腐殖质中
线柱兰*Zeuxine strateumatica* (Linnaeus) Schlechter	勐海和勐腊，海拔550～1700m，沟边潮湿草地中

注：*为中国大陆新记录种

表2-2 2011～2013年期间新增的西双版纳兰科植物新记录种名录

种 名	分布和生境	备 注
美花脆兰*Acampe joiceyana* (J.J. Smith) Seidenfaden	勐腊，海拔1500m左右，季风常绿阔叶林林下的树干上	中国新记录种（刘强等，待发表）
丽蕾金线兰*Anoectochilus lylei* Rolfe ex Downie	勐腊和景洪，海拔700～900m，沟谷雨林下阴湿处	中国新记录种（胡超等，2012）
金线兰一种*Anoectochilus* sp.	勐腊，海拔1000m左右，林下水沟边	拟新种（刘强等，待发表）
剑叶拟兰*Apostasia wallichii* R. Brown	勐腊，海拔1000m左右，热带雨林腐殖质中或石缝中	
圆柱叶鸟舌兰*Ascocentrum himalaicum* (Deb. Sengupta et Malick) Christenson	勐海，海拔达1900m左右，常绿阔叶林中树干上	
拟环唇石豆兰*Bulbophyllum gyrochilum* Seidenfaden	景洪，海拔1000～1700m，林中树干上	
长足石豆兰*Bulbophyllum pectinatum* Finet	勐海，海拔1000～2300m，山地林中树干或沟谷岩石上	
勐远石豆兰*Bulbophyllum mengyuanensis* Q. Liu & J.W. Li, sp. nov	勐腊，海拔1100m左右，石灰山森林树干上	新种（刘强等，待发表）
小花石豆兰*Bulbophyllum parviflorum* C.S.P. Parish & H.G. Reichenbach	勐腊，海拔780m左右，沟谷雨林树干上	中国新记录种（李剑武等，2013）
长足石豆兰*Bulbophyllum pectinatum* Finet	勐海，海拔1000～2500m，山地林中树干上或沟谷岩石上	
球花石豆兰*Bulbophyllum poilanei* Gagnep	勐腊，海拔700～1200m，石灰岩林中树干或岩石上	
版纳石豆兰*Bulbophyllun protractum* J.D. Hooker	勐腊，海拔700～1200m，石灰山森林石壁或树干上	中国新记录种（李琳等，2011）
虎斑卷瓣兰*Bulbophyllum tigridum* Hance	勐腊，海拔900～1000m，林中或河边树干上	
蜂腰兰*Bulleyia yunnanensis* Schlechter	勐海，海拔1300～2300m，林中树干上或山谷旁岩石上	
泰国牛角兰*Ceratostylis siamensis* Rolfe ex Downie	勐海，海拔1300～1500m，山地常绿阔叶林树干上	中国新记录种（李剑武等，待发表）
中华叉柱兰*Cheirostylis chinensis* Rolfe	勐腊，海拔600～800m，林下溪旁的潮湿石上或地上	
细小叉柱兰*Cheirostylis pusilla* Lindley	勐海和勐腊，海拔1300m左右，林下树干或石壁上	
白花异型兰*Chiloschista exuperei* (Guillaumin) Garay	勐海，海拔1100～1200m，常绿阔叶林树干上	中国新记录种（刘强等，待发表）
髯毛贝母兰*Coelogyne barbata* Lindley ex Griffith	勐海，海拔1200～2300m，林中树上或岩壁上	
长叶兰*Cymbidium erythraeum* Lindley	勐海，海拔1400～2800m，林中或林缘树上或岩石上	
西藏虎头兰*Cymbidium tracyanum* L.Castle	勐海，海拔1200～1900m，林中树干上或溪旁岩石上	
无叶鳔唇兰*Cystochis aphylla* Ridley	勐海，海拔1200m左右，季风常绿阔叶林林下	
密花石斛*Dendrobium densiflorum* Wallich	勐腊，海拔720～1000m，常绿阔叶林中树干或岩石上	
单葶草石斛*Dendrobium porphyrochilum* Lindley	勐海，海拔1700～2300m，山地林中树干或林下岩石上	
紫婉石斛*Dendrobium transparens* Wallich &Lindley	勐海，海拔1200m左右，常绿阔叶林树干上	中国新记录种（李剑武等，待发表）
双袋兰*Disperis neilgherrensis* Wight	景洪，海拔650～900m，山地阔叶林林缘下	中国大陆新记录种（杨鸿培等，待发表）
景东厚唇兰*Epigeneium fuscescens* (Griffith) Summerhayes	勐海，海拔1800～2100m，山谷阴湿岩石上或树干上	
云南盆距兰*Gastrochilus yunnanensis* Schlechter	景洪，海拔1500m左右，密林树干上	
勐腊天麻*Gastrodia albidoides* Y. H.Tan & T. C.Hsu	勐腊，海拔700～800m，沟谷雨林下阴湿腐殖质中	新种（Tan et al., 2012）
八代天麻*Gastrodia confusa* Honda & Tuyama	勐腊，海拔1200m左右，竹林中	中国大陆新记录种（杨鸿培等，待发表）
红花斑叶兰*Goodyera rubicunda* (Blume) Lindley	勐腊，海拔700～1500m，林下阴湿处	
绿花斑叶兰*Goodyera viridiflora* (Blume) Lindley ex D. Dietrich	勐腊，海拔800～2300m，林下、沟边阴湿处	
线瓣玉凤花*Habenaria fordii* Rolfe	勐腊，海拔650～2200m，山坡或林下	
版纳玉凤花*Habenaria medioflexa* Turrill	景洪和勐腊，海拔800m左右，密林下	
勐远玉凤花*Habenaria myriotricha* Gagnep	勐腊，海拔1100m左右，石灰山森林下的腐殖质中	中国新记录种（刘强等，2012）
扇唇舌喙兰*Hemipilia flabellata* Bureau & Franchet	景洪和勐腊，海拔1600～2300m，林下、林缘或岩石缝中	
全唇盂兰*Lecanorchis nigricans* Honda	勐腊，海拔600～1000m，沟谷雨林腐殖质丰富的阴湿处	
袋距兰*Lesliea mirabilis* Seidenfaden	景洪，海拔680m左右，沟谷雨林水沟边树干上	中国新记录种（李剑武等，2011）
须唇羊耳蒜*Liparis barbata* Lindley	勐腊，海拔900～1000m，林下岩石上或林中树干上	
见血清*Liparis nervosa* (Thunberg) Lindley	勐腊，海拔1000～2100m，林下或溪谷旁岩石上	
柄叶羊耳蒜*Liparis petiolata* (D. Don) P.F. Hunt & Summerhayes	勐腊，海拔1100～2900m，林下或溪谷旁岩石上	
翼蕊羊耳蒜*Liparis regnieri* Finet	勐海，海拔1500m左右，常绿阔叶林林下	
蕊丝羊耳蒜*Liparis resupinata* Ridley	勐腊，海拔1300～2300m，山坡密林或沟谷阔叶林树干上	
槌柱兰*Malleola dentifera* J. J. Smith	勐腊，海拔650m左右，山地雨林树干上	
漏斗叶芋兰*Nervilia infundibulifolia* Blatter &McCann	勐腊，海拔560m左右，竹林中或密林下	中国新记录种（李剑武等，待发表）

续　表

种　名	分布和生境	备　注
七角叶芋兰*Nervilia mackinnonii* (Duthie) Schlechter	勐腊和勐海，海拔900～1400m，密林下	
芋兰一种*Nervilia* sp.	勐腊和景洪，海拔550～1200m，竹林或密林下	拟新种（李剑武等，待发表）
绿春鸢尾兰*Oberonia acaulis* var. *luchunensis* S.C.Chen	勐海，海拔1700～2300m，常绿阔叶林林缘树干上	
长裂鸢尾兰*Oberonia anthropophora* Lindley	勐腊，海拔1200m左右，山地雨林树干上	
小叶鸢尾兰*Oberonia japonica* (Maximowicz) Makino	勐海和勐腊，海拔650～1000m，林中树上或岩石上	
扁葶鸢尾兰*Oberonia pachyrachis* H.G. Reichenbach ex J.D. Hooker	勐海和景洪，海拔1500～2100m，密林下树上	
红唇鸢尾兰*Oberonia rufilabris* Lindley	景洪和勐腊，海拔800～1000m，石灰岩季节雨林树干上	
西南齿唇兰*Odontochilus elwesii* C.B. Clarke ex J.D. Hooker	勐腊，海拔600～1500m，常绿阔叶林下阴湿处	
齿爪齿唇兰*Odontochilus poilanei* (Gagnepain) Ormerod	勐海，海拔1000～1800m，常绿阔叶林下阴湿处	
包氏兜兰*Paphiopedilum villosum* var. *boxallii* (H.G. Reichenbach) Pfizter	勐海，海拔1300～1900m，林中树干上或岩石上	
景洪白蝶兰*Pectelis sagarikii* Seidenfaden	景洪，海拔1000m左右，密林中树干上	中国新记录种（李剑武等，待发表）
小尖囊蝴蝶兰*Phalaenopsis taenialis* (Lindley) Christenson & Pradhan	勐海，海拔1100～2200m，山坡林中树干上	
台湾鹿角兰*Pomatocalpa undulatum* (Lindley) J.J. Smith subsp. *acuminatum* (Rolfe) S. Watthana & S. W. Chung	勐腊，海拔800～1200m，林下树干上	中国大陆新记录种（杨鸿培等，待发表）
绿花大苞兰*Sunipia annamensis* (Ridley) P. F. Hunt	勐海，海拔1800～2300m，季风常绿阔叶林树干上	
大花大苞兰*Sunipia grandiflora* (Rolfe) P.F. Hunt	勐海，海拔1600m左右，常绿阔叶林树干上	中国新记录种（李剑武等，2013）
淡黑大苞兰*Sunipia nigricans* Averyanov	勐海，海拔1200～1700m，常绿阔叶林树干上	中国新记录种（刘强等，待发表）
心叶带唇兰*Tainia cordifolia* J.D. Hooker	勐腊，海拔800～1500m，林下阴湿处	
泰兰*Thaia saprophytica* Seidenfaden	勐腊，海拔1200m左右，石灰山森林林下	中国新记录种（Xiang *et al*., 2012）
吉氏白点兰*Thrixspermum tsii* W. H. Chen & Y. M. Shui	勐腊，海拔900～1500m，疏林中树干上或石壁上	
白花线柱兰*Zeuxine parvifolia* (Ridley) Seidenfaden	勐海，海拔600～1700m，林下阴湿处或岩石缝中	

表2-3　西双版纳兰科植物特有种名录

种　名	分布和生境	备　注
金线兰一种*Anoectochilus* sp.	勐腊，海拔1000m左右，林下水沟边	拟新种（刘强等，待发表）
勐海石豆兰*Bulbophyllum menghaiense* Z.H. Tsi	勐腊，海拔600～1200m，石灰山森林石壁或树干上	吉占和和陈心启，1995
勐远石豆兰*Bulbophyllum mengyuanensis* Q. Liu & J.W. Li, sp. nov.	勐腊，海拔1100m左右，石灰山森林树干上	新种（刘强等，待发表）
短距叉柱兰*Cheirostylis calcarata* X.H. Jin & S.C. Chen	勐腊，海拔1200m左右，石灰山森林林下	金效华等，2007a
滇南苹兰 *Pinalia yunnanensis* (S. C. Chen & Z. H. Tsi) S.C. Chen & J. J. Wood	勐腊、景洪，海拔1500m左右的常绿阔叶林树干上	吉占和和陈心启，1995
二色金石斛*Flickingeria bicolor* Z.H. Tsi & S.C. Chen	勐腊，海拔700～900m的石灰山森林树干上或石壁上	吉占和和陈心启，1995
红头金石斛*Flickingeria calocephala* Z. H. Tsi & S.C. Chen	勐腊、景洪，海拔700～1200m的石灰山森林树干或石壁上	吉占和和陈心启，1995
同色金石斛*Flickingeria concolor* Z. H. Tsi et S. C. Chen	勐腊、景洪，海拔900～1500m的石灰山森林树干或石壁上	吉占和和陈心启，1995
三脊金石斛*Flickingeria tricarinata* Z. H. Tsi & S. C. Chen	勐腊，海拔800m左右的山地疏林中树干上	吉占和和陈心启，1995
勐腊天麻*Gastrodia albidoides* Y. H.Tan & T. C.Hsu	勐腊，海拔700～800m，沟谷雨林下阴湿腐殖质中	Tan *et al*., 2012
勐海天麻 *Gastrodia menghaiensis* Z. H. Tsi & S. C. Chen	勐腊、勐海，海拔1200m左右的山地阔叶林阴湿腐殖质中	吉占和和陈心启，1995
芋兰一种*Nervilia* sp.	勐腊、景洪，海拔550～1200m，竹林或密林下	拟新种（李剑武等，待发表）

第 3 章

西双版纳少数民族文化
与兰科植物保护

图3-1A　图3-1B　图3-1C

图3-1D　图3-1E

西双版纳是一个多民族聚居地区，世居少数民族除汉族外，有傣族、哈尼族、布朗族、基诺族、瑶族、景颇族等12个少数民族。傣族是西双版纳最主要的土著民族，主要居住于当地称为"坝子"的低山河谷盆地。傣族有自己的文字、语言、风俗习惯和农业文化传统，傣语中"西双版纳"就相当于"12个行政区"的意思。以傣族为主的各少数民族祖祖辈辈在西双版纳这块美丽富饶的土地上生生不息，在漫长的劳动生活中形成了独特的传统文化。各民族在对植物的认识和利用方面，积累了丰富的经验，形成了极具地方色彩的植物文化。这些传统知识和文化的传承和沿用，对本地区树林的保护和植物资源的可持续利用发挥了重要作用（许再富和刘宏茂，1995）。

傣族村寨里，每家每户都拥有大小不一的庭院，在一个傣族的传统庭院中，通常都种植有各种热带果树、香料、药用植物、蔬菜以及不同的观赏植物，常见的木本植物有椰子*Cocos nucifera*、波罗蜜*Artocarpus heterophyllus*、槟榔*Areca catechu*、香橙*Citrus junos*、番木瓜*Carica papaya*、杧果*Mangifera indica*、白兰花*Michelia alba*、滇

刺枣*Ziziphus mauritiana*、羽叶金合欢*Acacia pennata*、洋金凤*Caesalpinia pulcherrima*等，俨然形成了一个个红花绿树相映成趣的私家花园。而每一棵树上，或多或少都有几种附生兰科植物，这些兰科植物部分是通过种子散布而自然生长起来的，也有主人外出遇到开花漂亮的种类，采集回来用以装点庭院。这其中，鼓槌石斛就是最常见的种类，常常可见被用牛粪定植在屋顶、房缘、院墙或树上，开花时非常漂亮（图3-1）。各民族的少女在节日期间还喜欢用各种兰花作为头饰花卉（图3-2）。

傣族信奉南传佛教，在西双版纳每个傣族自然村寨都有佛寺，一些植物的利用

图3-1
傣族屋顶和房缘上栽培的各种兰科植物
A 石斛*Dendrobium nobile*
B 大花万代兰*Vanda coerulea*
C 球花石斛*D. thyrsiflorum*
D 石斛*Dendrobium nobile*
E 鼓槌石斛*D.chrysotoxum*
F 鼓槌石斛*D.chrysotoxum*

图3-2
头上插满了鼓槌石斛和栀子花的瑶族少女

图3-1F

和传播直接与宗教文化有关，每一个佛寺中都种植与佛教有关的植物。一些学者研究认为有91种植物与佛教活动密切相关，可分为佛教礼仪植物、赕佛活动植物和佛寺庭院植物（许再富和刘宏茂，1995）。这些植物多数栽培在佛寺庭园中，常见的有菩提树Ficus religiosa、高山榕F. altissima、聚果榕F. racemosa、贝叶棕Corypha umbraculifera、铁刀木Cassia siamea、猫尾木Dolichandrone caudafelina、云南石梓Gmelina arborea、无忧花Saraca spp.、云南樟Cinnamomum glanduliferum、蒲桃Syzygium jambos、槟榔Areca catechu、香蕉Musa nana、粉芭蕉M. sapientum、文殊兰Crinum asiaticum var. sinicum、黄姜花Hedychium flavum、大黄栀子Gardenia sootepensis、构树Broussonetia papyrifera等。这其中很多植物是附生兰科植物良好的栖息地，一些大树上长满了各种兰科植物（图3-3）。西双版纳曾建立佛寺360余座，现存220余座，这些佛寺和村寨庭院及周围的树林，形成了对许多物种的"就地保护"，被誉为"宗教植物园"，这对整个区域的生态环境保护和物种保存发挥了积极的作用，也成为了兰科植物就地保护的重要场所（许再富和刘宏茂，1995）。

西双版纳的傣族、布朗族、哈尼族等民族都有崇拜和保护"龙山"（神山）的传统和信仰，几乎每个村寨附近都有一座郁郁葱葱的龙山，据1984年的调查数据表明，西双版纳的龙山森林共有400多处，总面积达3万～5万hm²（刘宏茂等，1992）。傣族的龙山则是分布最广和面积最大，同时也是保存最好的龙山。傣族"龙山"的概念是"神居住的地方"，在这个地方的动植物都是神的家园里的生灵，是神的伴侣，龙山内的一切植物、土地、水源是不能侵犯的，严格禁止狩猎、伐木、采集和开垦种植，邻近地区其他民族也同样尊重傣族这一信仰，从不进入龙山（刘宏茂等，1992）。由于傣族主要居住在坝区，龙山多数处于坝区海拔900m以下的低丘山地上，其植被是以见血封喉Antiaris toxicaria、龙果Pouteria grandifolia、橄榄Canarium album等为标志的干性季节性雨林。而这一海拔地带，是橡胶等热带经济植物的最佳种植区，以橡胶种植为主体的热带经济植物的发展，使这一海拔地带的天然植被几乎遭到毁灭性的破坏。也正是由于龙山的存在和信仰的力量，才使得一些片段化的干性季节性雨林得以保留至今（刘宏茂等，1992；2001）。

2011～2012年期间，西双版纳傣族自治州国家级自然保护区管理局科研所对180个傣族村寨的龙山开展了调查，现存龙山共计328块，总面积约为580hm²，平均每个村寨约3.2hm²，其中面积最大的为25.3hm²，面积最小的仅保留一棵树作为"龙点"。这些龙山大都保存有良好的原生植被，也成了很多兰科植物的庇护

图3-3

图3-3
一个佛寺前的高榕树上满是盛开的大花万代兰

所。本次调查在龙山林中共计录到野生兰科植物43属114种，种数约占西双版纳野生兰科植物总数的四分之一，其中包括许多在龙山之外被大量采集而变得稀有的种类，如窄果脆兰*Acampe ochracea*、多花指甲兰*Aerides rosea*、鸟舌兰*Ascocentrum ampullaceum*、石斛*Dendrobium nobile*、剑叶石斛*D. spatella*、具槽石斛*D. sulcatum*、刀叶石斛*D. terminale*、球花石斛*D. thyrsiflorum*、大苞鞘石斛*D. wardianum*、大花万代兰*Vanda coerulea*、小蓝万代兰*V. coerulescens*等。我们在对勐海县曼尾村面积仅1.73hm²的龙山（21°59′41″N, 100°29′67″E; 海拔1176m）调查发现，此处龙山已被台地茶园完全包围，但内部仍保存较为完好的原始植被，共发现10属13种兰科植物，其中以兜唇带叶兰*Taeniophyllum Pusillum*、隔距兰*Cleisostoma linearilobatum*、扇唇指甲兰*A. flabellata*、白花异型兰*Chiloschista exuperei*、尖囊蝴蝶兰*Phalaenopsis braceana*和多花指甲兰个体数量较多。初步观察和研究表明，这些兰科植物能正常开花结实，其传粉者并没有受到片段化的影响，同时也有大量自然更新的幼苗（图3-4）。

傣族的庭院、佛寺和龙山形成了"点"和"面"相结合的植物保护体系，而这种基于传统文化和宗教信仰的对植物和森林的保护，不需要强加外力就存在的对于与自然和谐相处的观念和与植物同生共存的思想，早已深入到当地傣族人民的日常生活之中了，这也是西双版纳地区得以长期保持生态平衡的一个重要原因。所以有学者认为，能够对

当地生物多样性起到保护作用的知识都是以佛寺文化为基础的，而傣族人民作为文化的拥有者，担负着将其传承下去的重担。因此，有必要在保护生物多样性的同时，保护文化的多样性。文化多样性即依赖于生物多样性，文化多样性又重新反作用保护了生物多样性（裴盛基，2011）。

西双版纳是大叶茶的故乡，是享誉世界的普洱茶的发祥地、原产地和主产区，也是滇藏茶马古道的源头。西双版纳种茶、产茶的历史始于东汉，距今已有近2000年的历史，著名的六大古茶山——攸乐、易武、曼庄、革登、倚邦和莽枝保留至今，全州现存古茶树资源总面积5494.1hm²，分布于全州18个乡59个村，大部分茶树树龄为100～300年，仍长势良好（罗向前等，2013）。传统古茶园是根据茶树的生长习性在间伐的天然林或人工林下栽培茶树，并经粗放管理发展形成的一种特殊的农业生态系统，是各民族经过长期的生产和管理实践而发展起来的一种特殊的土地利用形式，已成为滇南轮歇农业生态系统的一个重要组成部分（龙春林等，1997 a,b）。

在长期的人为管理和经营下，古茶园一般形成了具有上、中、下三层的复合结构模式（图3-5）。上层是林冠层，为长期保留的高达20～30m的乔木，中层为古茶树和少量小乔木，高约1.5～8m，下层为草本植物和各种植物的幼苗，高度1m以内，其生态系统在结构和功能上与天然林类似（龙春林等，1997b）。这种多层结构使得古茶园具有很高的植物多样性组成，寄生、附生及

图3-4
勐海县曼尾村龙山
A 被台地茶园完全包围的龙山
B 一只木蜂正在给多花指甲兰的花传粉
C 自然更新的尖囊蝴蝶兰*Phalaenopsis braceana*幼苗

图3-5

古茶园外观：具有上、中、下三层植物的复合结构传统古茶园的外观与天然林相似

伴生植物种类较多，尤其是兰科植物相当丰富（龙春林等，1997b），如对澜沧县景迈地区的古茶园调查中，就记录了125科489属的943种植物（齐丹卉等，2005）。传统古茶园的外观与天然林相似，但中层以古茶树为优势树种，茶树盖度80%以上，具有长期、持久的茶叶经济效益；古茶园遮阴树、附生和寄生植物以及下层草本植物提供木材、药材、野生蔬菜和水果，形成了多种形式的采集经济；一些少数民族采用混农林种植模式，在古茶园中开垦从事农业生产，在茶树下种植旱谷、玉米、豆类、杂粮等农作物和蔬菜，形成了具有作物经济的古茶园（蒋会兵等，2011）。

古茶园是轮歇农业（刀耕火种）系统中的"绿岛"，是轮歇地丢荒后植被和各种生物恢复的种源库，还是一些动物的理想栖息地，古茶园中留存的一些植物如丛花厚壳桂Cryptocarya densiflora、截果柯Lithocarpus truncatus、各种榕树等的果实，动物喜欢取食，从而增加群落内动物的多样性（龙春林等，1997b）。同时，古茶园还充当了珍稀濒危植物的种质资源库，很多在天然林中已经是踪影难觅的珍稀植物，在一些古茶园中却得以保留（齐丹卉等，2005），仅在景洪龙帕古茶园中有发现的定心藤Mappianthus iodoides、优质用材树种红椿Toona ciliata、黑黄檀Dalbergia fusca、思茅豆腐柴Premna szemaoensis等，具有较高药用价值的滇南红厚壳Calophyllum polyanthum、假山龙眼Heliciopsis henryi、寄生在老茶树上的扁枝槲寄生Viscum articulatum以及名贵香料植物毛叶樟Cinnamomum mollifolium等。

西双版纳传统古茶园集中分布于海拔1400～1800m的山区地带（许玫等，2006），这一地带气候温和、雨量充沛、多云雾、湿度较大、酸性土壤深厚肥沃，不仅非常适宜茶树的生长（陈红伟等，2003），同时也是西双版纳兰科植物分布最为富集的地区之一。云南大叶茶是耐阴、喜温、喜湿的作物，当遮阴度为20%～40%时，茶叶的产量最高，光照太强或太弱，都会降低茶叶产量（冯耀宗等，1982）。当地居民正是应用这一规律，在古茶园中保留一定的遮阴乔木，形成了现在的古茶园生态系统。这也为兰科植物的生长发育提供了较为适宜的生态条件，使古茶园中保存了丰富的兰科植物，如在对景迈古茶园（22°09′37″N，100°00′57″E，海拔1250～1550m，占地1870hm^2）78个20m×20m样方调查中，共发现兰科植物13属51种，其中就有石豆兰属17种和石斛属14种（齐丹卉，2005）。

我们近期对景迈、攸乐山（21°59′46″N，101°05′07″E，海拔1380m）和南糯山（21°56′10″N，100°36′34″E，海拔1373～1610m）3地古茶园中的兰科植物多样性进行了样方调查，分别随机设置10个20m×20m样方，对样方中兰科植物的种类、数量、附生植物种类、着生位置等进行了调查，同时还调查了各个古茶园相邻的自然林中的兰科植物。在景迈古茶园记录到兰科植物20属43种，其中密苞鸢尾兰 *Oberonia variabilis*、剑叶鸢尾兰 *O. ensiformis*、异型兰 *Chiloschista yunnanensis*、长叶隔距兰 *Clesostoma fuerstenbergianum*、矮万代兰 *Vanda pumila* 数量较多（图3-6）；南糯山古茶园中共发现兰科植物14属25种，管叶槽舌兰 *Holcoglossum kimballianum*、尖囊蝴蝶兰 *Phalaenopsis braceana*、白柱万代兰 *V. brunnea* 和大花钗子股 *Luisia magniflora* 数量较多（图3-7）；攸乐山古茶园中发现兰科植物17属38种，其中，14属24种兰科植物出现在古茶树上，其他的种类仅在遮阴树上发现，隔距兰 *C. linearilobatum*、齿瓣石斛 *D. devonianum*、异型兰、条裂鸢尾兰 *O. jenkinsiana*、勐海石斛 *D. sinominutiflorum*、节茎石仙桃 *Pholidota articulata* 在古茶树上的数量较多（图3-8）。

在调查的3个古茶园中，各层均有兰科植物分布，但以中间层的古茶树上兰科植物种类最多，占总数的60%以上；上层的遮阴树上兰科植物的种类呈现较大的差异，如景迈古茶园遮阴树上发现11属25种兰科植物，而南糯山古茶园遮阴树种上仅发现4属7种兰科植物；下层主要是地生兰，景迈古

茶园有宽叶线柱兰 *Zeuxine affinis* 和全唇叉柱兰 *Cheirostylis takeoi* 两种，龙帕古茶园仅发现筒瓣兰 *Anthogonium gracile* 一种。大型附生兰，如白柱万代兰、悦人盆距兰 *Gastrochilus obliquus* var. *suavis*、球花石斛 *D. thyrsiflorum*、节茎石仙桃、大花钗子股，主要附生于较粗的茶树主干及枝条上；小型附生兰，如密苞鸢尾兰，着生位置的专一性较小，茶树主干及小枝条上均有。和相邻的自然林相比，自然林中80%以上的兰科植物在古茶园中都有发现。

传统古茶园的地理位置、海拔高度、遮阴树种的组成、茶树的栽培和经营历史、管理模式等都可能对茶园中兰科植物的多样性产生影响，从以上调查数据来看，传统古茶园已成为这一地区兰科植物重要的栖息地。古茶园中的兰科植物多为附生种类，对古茶树的生长和茶叶的产量并不会产生任何负面影响，很多药用石斛都在古茶园中有自然生长和更新。利用古茶园开展药用石斛的仿生态栽培，既可以提高石斛的药用品质、增加茶农的收入，又可以降低野生石斛的采集压力，不失为本地区石斛产业可持续发展的新途径，值得进一步探索和实践。传统古茶园是"生态友好型"农业生态系统的典范，是自然资源保护与可持续利用相结合的典型例子。

图3-6
景迈古茶园中的兰科植物
A 白花卷瓣兰
Bulbophyllum khao-yaiense
B 异型兰
Chiloschista yunnanensis

图3-7
南糯山古茶园中的兰科植物
A 尖囊蝴蝶兰
Phalaenopsis braceana
B 管叶槽舌兰
Holcoglossum kimballianum

图3-8
攸乐山古茶园中的兰科植物
A 齿瓣石斛
Dendrobium devonianum
B 杯鞘石斛
D. gratiosissimum

图3-6A 图3-7A 图3-8A 图3-6B 图3-7B 图3-8B

第4章

西双版纳兰科植物
的综合保护

全世界的野生兰科植物约有800属25 000种之多（Cribb, 2001），兰科也是被子植物中物种最丰富的科之一。兰科植物广泛分布于除两极和极端干旱沙漠地区以外的各种陆地生态系统中，特别是热带地区的兰科植物具有极高的多样性（Gustavo, 1996）。但兰科植物也是全球最为濒危的植物类群，是国际自然保护联盟（IUCN）红色目录中收录受威胁种类最多的科，已成为植物保护中的"旗舰"类群（罗毅波等，2003）。生境的丧失和过度采集是兰科植物濒临灭绝的两大主要原因（Hagsater & Dumont, 1996）。兰科植物对生态系统的变化极为敏感：一是由于对传粉者的高度专一性和依赖性，而生境的破坏可能首先影响到传粉者；二是兰科植物和真菌之间具有复杂的相互关系。而对于很多具有较高观赏、药用等经济价值的兰科植物，过度采集是导致其濒临灭绝的主要原因，对于这些种类来说，回归是更为有效和必要的保护策略（Maunder, 1992）。

与此同时，兰科植物由于其丰富的种类、美丽奇特的花形、奇幻多变的色彩，也成为最具魅力和最吸引人的植物类群，正所谓"Everybody loves an orchid"，人人爱兰花！不同国家、不同民族和不同文化的人们，都有养兰、爱兰、赏兰的传统和习俗，这使得兰科植物的保护也最容易得到公众、政府和各种民间机构的支持和理解。世界各国各地都有大量的机构和民间社团致力于兰科植物的保护和利用，全球的植物园则更是有把兰科植物作为重点展示和研究的植物类群的传统，世界上约三分之一的植物园有兰科植物收集展示区和相关的研究项目（Swarts & Dixon, 2009）。一些重要的植物园，如美国的纽约植物园，Fairchild热带植物园，英国的邱园，新加坡植物园，我国的中国科学院西双版纳热带植物园、华南植物园等都有很大的兰科植物收集区，并有相关的研究团队开展兰科植物的研究和保护。

如何有效地开展濒危兰科植物的保护？过去几十年各国各地区的经验表明，兰科植物保护的基础是对其生境的保护、管理和恢复，而基于植物生态学、传粉生物学、繁殖技术、真菌学和种群遗传多样性研究基础上开展兰科植物的回归（reintroduction），被证明是有效的综合保护策略（Stewart & Kane, 2007a; Swarts et al., 2007; Stewart, 2008）。

一　西双版纳兰科植物受威胁的因素

对于亚洲热带地区来说，过去的50年中，土地利用方式的改变是导致地区生物多样性减少和丧失的最主要推动力（Lambin et al., 2003）。位于亚洲热带北缘的西双版纳也不例外，在过去的30～50年间，土地利用发生了巨大变化，橡胶的种植是这一地区近20年来土地利用方式最显著的变化。随着国内和地区经济的快速发展，橡胶作为国家战略性物资，需求量越来越大，其价格也上涨了10余倍，从20世纪90年代末的每吨干胶3000元左右上涨到近几年的每吨3万多元，最高的时候达到了每吨4万多元。橡胶的种植规模也迅速扩大，到2009年已超过40万hm^2，约占整个西双版纳面积的20%（图4-1-1）。毫不夸张地说，在西双版纳除了自然保护区以外，适合种植橡胶的地方都被橡胶占领了。橡胶种植面积的快速扩大，在带来巨大经济利益的同时，也成为西双版纳地区对气候、环境和生物多样性影响最为显著的因素之一。

橡胶种植最直接的后果就是原始森林的大面积减少（Li et al., 2008），橡胶的种植适合区域和热带雨林的分布区域重合，橡胶种植使得我国仅有的热带雨林面积在不断减少。一些受到保护的原始森林被橡胶林所分割，严重片段化；一些不适合种植橡胶的石灰山森林也成了漫漫橡胶林海中的"孤岛"（图4-1-2）。森林的破坏和消失，使得兰科植物赖以生存的环境不复存在，一些种类甚至在人们发现和认识它们之前就已永久消失了。一些片段化的森林，虽然成为了一些兰科植物的暂时避难所，但从长远来看，森林的严重片段化是否会对兰科植物的传粉昆虫及共生真菌等产生影响，进而危及到这些兰科植物的生存或种

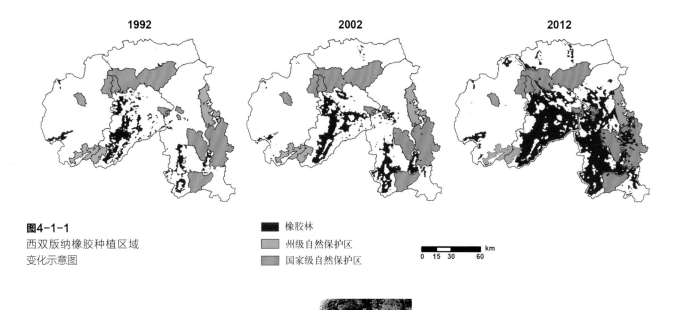

1992　　**2002**　　**2012**

图4-1-1
西双版纳橡胶种植区域
变化示意图

■ 橡胶林
■ 州级自然保护区
■ 国家级自然保护区

km
0　15　30　60

图4-1-2
A 毁林开荒种植橡胶的
　场景
B 鸟瞰漫漫橡胶林海，山
　仍青，水已不秀，在橡
　胶种植者眼里，这无疑
　是满山的真金白银，但
　在生态学家和生物多样
　性保护者眼里却是生物
　多样性贫乏的绿色荒漠
C 橡胶园景观
D 被橡胶园包围的石灰
　山森林犹如漫漫橡胶
　林海中的"孤岛"

群的更新和维持，尚不清楚。作为外来物种，单一橡胶的大规模种植对区域的气候和环境也会产生方方面面的影响。当地人都把橡胶树形象地叫做"抽水机"，橡胶树大量吸收土壤水分，导致地下水位降低；由于除草剂的大量使用，橡胶林中寸草不生，导致地表径流显著增大，土壤水分得不到有效及时的补充，这就造成了恶性循环。西双版纳干、湿季节分明，主要降雨量都在雨季，干季几乎滴雨不下，干季的大雾成为植物水分补充的重要来源，这对于附生于林冠的兰科植物来说尤

为重要。土壤水分减少，导致地表蒸腾降低，温度升高，不利于雾的形成。而没有了雾，这对于附生植物来说可能是致命的影响。在全球气候变暖的背景下，区域气候和环境的快速改变，势必加速很多植物濒危和灭绝的步伐，而对环境和生态系统的变化极为敏感的兰科植物势必首当其冲。

生境的丧失和过度采集是兰科植物濒临灭绝的两大主要原因，对于一些具有药用或观赏价值的兰科植物，过度采集往往是导致其种群数量迅速下降，变得濒危、

甚至灭绝的主要原因。我国大约有350种兰科植物被用于传统的中药材原料，约占我国兰科植物总数的四分之一，许多种类由于过度采集而变得区域性濒危或灭绝（陈心启和罗毅波，2003；罗毅波等，2003；刘虹等，2013）。在西双版纳，石斛属*Dendrobium*的很多种类和金线兰属*Anoectochilus*的金线兰*A. roxburghii*等，就被作为药材遭到了过度采集和收购，导致一些种类目前在野外已是踪影难觅。一些开花漂亮的种类，如大花万代兰*Vanda coerulea*、鸟舌兰*Ascocentrum ampullaceum*、版纳蝴蝶兰*Phalaenopsis mannii*、大花鹤顶兰*Phaius wallichii*、多花指甲兰*Aerides rosea*、各种兜兰等，也被兰花爱好者大量采集。

石斛属为兰科第二大属，全世界约有1500～1600种，主要分布于热带东南亚及大洋洲地区。我国有70余种，集中分布于北纬15°30′～25°12′之间。云南是我国石斛种类最多的地区，约50种，主要分布在滇南的热带和亚热带地区，仅西双版纳就有43种、1变种（高江云，1996）。石斛作为传统的药材和保健品在我国利用历史悠久，具有极高的药用价值，药用石斛主要入药有效成分为10多种生物碱和水溶性多糖，具有显著的增强免疫力、有效调节人体机能等特殊功效，市场需求广阔，尤其在我国的江浙一带有消费石斛产品的习惯。石斛的加工成品"枫斗"是我国名贵中药，素有"中华仙草"之美称，石斛也是数十种中成药及保健品的必需原料。在我国的70余种石斛属植物中，近40种有药用功能。西双版纳是我国石斛的主产区之一，人们把石斛属植物统称为"黄草"，对市场药源调查和商品鉴定结果就表明，西双版纳有22种石斛属植物被加工成石斛商品（王艳等，1995）。

长期以来，我国对药用石斛的需求过度依赖野生资源。回顾我国石斛产业的发展，大致经历了以下2个发展阶段。20世纪80年代到90年代中期，完全依靠野生资源的采集，由于分类鉴定的困难，使得石斛属大部分种类及植株形态相似的其他兰科植物也都遭到了过度的采集。在西双版纳，这期间"黄草"的收购和采集活动遍布乡村，收集的"黄草"堆积如山。尤其让人痛心的是，一些村民看到有的大树上附生的石斛较多，为

了采集方便，竟然把整株大树砍到。这种扫荡式的采集使野生石斛资源遭到了毁灭性的破坏，很多种类已经很难再找到自然种群，在野外只能偶尔看到零星的个体。90年代末期，由于资源的枯竭和需求的旺盛，加上兰科植物种子无菌萌发和组织培养技术的成熟和普及，药用石斛人工栽培渐渐形成规模。近年来这种生产模式在我国南方各省区发展迅速，滇南地区的药用石斛生产已经具有一定的规模，并朝着产业化方向发展，一些地方政府还把石斛生产作为当地的支柱产业来扶持和发展。

我们于2009年7月至2012年6月期间对西双版纳及周边地区石斛生产企业和农户进行的系统调查发现，目前石斛的生产大致可分为2种模式。一是较大的企业开展的集约化生产，以现代化的大棚为种植基地，以生产铁皮石斛*D. officinale*和齿瓣石斛*D. devonianum*等药用价值较高的种类为主，种苗为种子无菌播种苗或组培苗，同时采用"公司+基地+农户"的模式为周边农户提供种苗和技术支持。另一类是较小的个体企业或农户，由于缺乏资金和技术，目前很大程度上仍依赖于野生资源，通过采集和收购野生石斛，进行分级，一部分直接加工成商品销售，另一部分进行栽培扩繁，并通过石斛枝条的扦插获得部分种苗，所涉及的石斛种类繁杂，包括齿瓣石斛、兜唇石斛*D. cucullatum*、石斛*D. nobile*、鼓槌石斛*D. chrysotoxum*、流苏石斛*D. fimbriatum*、束花石斛*D. chrysanthum*等（图4-1-3）。石斛生产一般采用简易棚架进行栽培，一些企业还尝试进行自然条件下的仿生态栽培，但由于缺乏技术支持，种苗依靠野生资源，普遍收益很低，造成资源的重复浪费，难以持续发展。这样的企业和农户在西双版纳乃至整个滇南地区数量仍很多，对野生石斛资源的保护造成了巨大的压力。

在西双版纳，金线兰*Anoecochilus roxburghii*也同样经历了大规模的采集收购。金线兰为开唇兰属多年生肉质草本地生兰，又名金线莲或花叶开唇兰，其叶脉为金黄色网状，极为漂亮（图4-1-4）。它具有清热解毒、祛风利湿、滋阴润肺、降血压、平肝等功效，在台湾和福建一带地区极受欢迎，作为保健品或高档菜肴配料。金线兰在西双版纳分布很广，海拔650～1800m的各种林下皆

有分布，常常生长在潮湿、阴暗和腐殖质丰富的林下溪边等地，尤以海拔650～1200m的林下分布较集中。20世纪90年代初，大量外地药商汇集西双版纳专门从事金线兰的收购，当金线兰鲜草的收购价由最初的每千克25元上涨至每千克130～150元，野生金线兰也遭受到了"地毯式"的反复采集，导致了野生资源的枯竭（余东莉等，2006）。

而那些观赏价值较高的兰科植物，则被养兰爱好者大量采集。一些村民看到有利可图，也采集后拿到集市出售，他们不分种类，见兰花就采，往往造成大量兰花最后被作为垃圾丢弃。时至今日，在一些乡村集市仍然能见到出售各种野生兰科植物的现象（图4-1-5）。一些种类，如版纳蝴蝶兰*Phalaenopsis mannii*、大花鹤顶兰*Phaius wallichii*、紫毛兜兰*Paphiopedilum villosum*等，其分布范围本来就很狭小，种群数量较少，经过多年的采集后，目前在野外已是很难见到了。

西双版纳作为我国面积很少的热带地区之一，有着丰富的兰科植物资源，同时还是很多兰科植物在我国的主要分布区，但环境的破坏、生境的丧失和人为的采集等，使兰科植物受到了严重的威胁，对这一地区兰科植物的有效保护已经刻不容缓。石斛产业在西双版纳地区发展迅速，对于这类具有较高经济价值的兰科植物来说，如何在有效保护野生资源的前提下，对产业的健康和可持续发展形成科技支撑、平衡好保护和利用之间的矛盾，是本地区生物多样性保护和野生资源发掘与利用所面临的重大课题之一。对此，国内很多学者和保护工作者也在积极探索新的保护模式和方法，有学者提出"利益驱动型"的保护理念，不失为兰科植物保护的新途径（刘虹等，2013），即通过科技支持和

图4-1-3

A 刚收购回来的各种野生石斛

B 对收购的野生石斛进行分级整理，好的茎秆晾晒后加工成"枫斗"等产品，其他的用于加工石斛粉等，或用于扦插繁殖种苗

C 采集的野生石斛*Dendrobium nobile*平铺于苗床上，诱导茎秆产生萌蘖植株

D 通过茎秆扦插诱导产生的兜唇石斛*D. cucullatum*萌蘖苗

图4-1-4

金线兰
Anoectochilus roxburghii

图4-1-5

在路边集市兜售的各种野生兰科植物

资金帮扶，扶持当地居民开展分散的仿生态兰花（石斛）栽培，把增加居民收入和野生资源的保护相衔接。具体到西双版纳的石斛来说，选择药用价值较高的种类开展基础研究，特别是通过种子萌发和幼苗生长阶段共生真菌的发掘和利用——利用石斛种子和真菌共生萌发来生产种苗，不仅能大大降低种苗的生产成本，还能显著提高种苗在自然条件下栽培的成活率。利用西双版纳得天独厚的气候优势，开展古茶园、果园等的石斛仿生态栽培，进行粗放管理，降低栽培管理难度和投入，在增加居民收入的同时，减少对野生资源的采集强度，以达到保护的目的，这或许也是石斛产业长期可持续发展的新途径。目前，中国科学院西双版纳热带植物园的科技人员已在这方面开展了一些研究，并取得了一些阶段性成果，分离得到了对兜唇石斛、齿瓣石斛等兰科植物种子萌发有效的共生真菌，并开展了幼苗阶段共生真菌方面的研究，相信这些成果很快就可以实际应用于石斛的仿生态栽培中。

二　西双版纳兰科植物濒危状况评估

随着人类活动对生物多样性的影响越来越严重（Pereira *et al.*, 2010），许多物种面临着灭绝的风险，全球性的大规模物种集群灭绝正在发生（Myers & Knoll, 2001; Balmford *et al.*, 2003; Barnosky *et al.*, 2011; Novacek & Cleland, 2012）。对于一些生物多样性丰富的热点保护地区，采取应急保护措施显得尤为迫切。开展区域性专类濒危物种灭绝风险评价和划分物种濒危等级，一方面可以提供一个物种受威胁状况的基础信息，另一方面能简明地显示物种的濒危等级，为制定物种优先保护方案提供依据，也为保护宣传和提高公众保护意识提供资料，使濒危物种的保护工作有的放矢（赵莉娜和覃海宁，2011；蒋志刚和罗振华，2012）。世界自然保护联盟（IUCN）的《濒危物种红色名录》已经成为了全球性生物多样性保护的重要工具，其制定的濒危物种等级标准和方法也被越来越多地应用于国家和区域性的物种濒危状况评估（Gärdenfors *et al.*, 2001; González-Mancebo *et al.*, 2012; 蒋志刚和罗振华，2012）。然而，应用IUCN红色名录标准开展专类或特定区域物种评估时，也需要针对所评估的具体物种类群或特定区域解决其适用性的问题（Hallingbäck *et al.*, 1998; Hallingbäck and Hodgetts, 2000; Hallingbäck, 2007; Martín, 2009; Cardoso *et al.*, 2011; González-Mancebo *et al.*, 2012; Maes *et al.*, 2012）。

开展区域性兰科植物濒危等级评估，制定受威胁物种名录不仅有助于当地政府制定保护行动和方案，而且在加强全球兰科种保护行动，尤其是其信息对受威胁物种开展全球范围内濒危等级评估发挥着极为重要的作用（Milner-Gulland *et al.*, 2006; Maes *et al.*, 2012）。目前国内外在区域性水平上开展的兰科植物濒危状况评估方面的研究相对较少（Feldmann *et al.*, 2005; Backhouse, 2007）。Feldmann和Prat（2011）通过收集110 000个GPS分布点，运用IUCN物种红色名录标准在区域水平上的应用指南，对法国160种兰科植物开展了濒危状况评估，分析了其受威胁的主要因素，并有针对性地提出了保护的建议和计划。我国对于区域性兰科植物受威胁状况评估方面的研究还未见报道。在《中国物种红色名录》第一卷中，收录评估了我国野生兰科植物1209种（汪松和解炎，2004），约占我国已报道兰科植物种数的87%（Chen *et al.*, 2009）。然而，根据生物多样性公约（CBD）的要求，评估结果5年之后需要重新评估，而且我国兰科植物分布不均，主要分布在热带和亚热带地区，这些地区由于近年来土地利用方式的巨大改变，兰科植物赖以生存的环境也发生了重大变化，因此，在区域性水平上开展兰科植物濒危等级评估，据此制定区域性兰科植物综合保护计划是开展有效保护的前提和基础。

西双版纳地区是全球性生物多样性热点地区之一，兰科植物是本地区维管植物多样性最高的一个科，对西双版纳地区兰科植物濒危状况开展全面的评估是开展进一步保护的基础和依据。全球的很多植物园都有以兰科植物作为重点研究和展示的植物类群的传统，目前全世界1/3的植物园

都有兰科植物收集区和相关的研究项目，植物园在兰科植物的保护、研究和产业发展上起着重要的作用（Swarts & Dixon, 2009）。中国科学院西双版纳热带植物园作为区域性生物多样性保护的重要研究机构，一直把兰科植物作为研究和保护的重点类群。本园的"濒危植物迁地保护与再引种"研究组致力于本地区兰科植物的综合保护研究，在2011～2012年期间和西双版纳傣族自治州国家级自然保护区管理局科研所、中国科学院植物研究所联合开展了8次系统的兰科植物多样性专项考察。在此基础上，基于IUCN红色名录区域性物种濒危状况评价标准和划分等级、结合文献和标本记录信息，对西双版纳地区目前有记录的兰科植物115属428种进行了濒危等级评估。

本次评估的标准是根据IUCN物种濒危状况评价标准和等级划分，结合兰科植物生物学特性和种群分布特点，重点根据成年植株个体数量和分布地点数量这两个信息来评估每一物种，其他信息如种群发展趋势和可知的危险等也可作为参考，但要分开参考评估。具体评估标准和等级划分为以下6类。

① 野外灭绝（Extinct in the Wild, EW）：近20年内未见到或者仅仅知道该物种分布地区被毁；

② 极危（Critically Endangered, CR）：分类群个体少于50个，或者仅知道其在分布地区受到会毁灭威胁；

③ 濒危（Endangered, EN）：分类群个体少于250个；

④ 易危（Vulnerable, VU）：分类群个体少于5000个，且分布区域仅1～5个；

⑤ 无危（Least Concern, LC）：分类群个体大于5000个，且分布地点较多；

⑥ 数据缺乏（Data Deficient, DD）：最新信息不全，需要进一步调查研究。

评估以会议的形式进行，召集所有从事和参与过野外考察、兰科植物分类、标本研究、植物引种驯化等方面的专家，按以上评估标准对西双版纳每一种有记录的野生兰科植物进行讨论和评估。评估每一物种现有等级（受威胁状态），过去十年或十年以前评定的信息需要再核实，除非确定该物种所分布的地点没有更改；对于有些在西双版纳地区稀少但在中国其他地区普遍分布的物种，可以在这之后再

排除，同时，在野外可辨认的亚种和变种都应该评定等级。考虑到任何专家的评估意见有一定程度的不确定性是不可避免的，评估时以在任何可能的时候以达成一致意见为目标。不确定或意见不统一的物种必须标上问号"？"，例如："？濒危"，或者标上可能的分类等级，例如："濒危或极危"。最新信息不全的物种为"数据缺乏"，这需要进一步调查研究，但只能在必要情况下用这个分类等级。

本次评价结果为：1种兰科植物，针叶石斛*Dendrobium pseudotenellum*为地区性野外灭绝（EW）；飘带兜兰*Paphiopedilum parishii*、版纳蝴蝶兰*Phalaenopsis mannii*等12种为极危（CR）；60种为濒危（EN）；128种为易危（VU）；186种为无危（LC），尚有41种由于在近些年的历次考察中没有记录或存在分类上的疑问，被作为数据缺乏（DD）处理。具体每一种兰科植物濒危等级的评估结果见本书第5章中的标注。

对这一评价结果，尚需开展进一步的工作进行完善和修订。例如：评价为地区性野外灭绝（EW）的针叶石斛就存在较大争议，针叶石斛有标本记录于1984年在西双版纳勐腊县尚勇镇所采集（PE；Y. Z. Ma 133），而此后的历次考察都没有被发现和记录，但针叶石斛在云南的文山地区和广西却被多次发现。对评价为极危（CR）和濒危（EN）的种类，需要扩大考察范围，在不同种类开花期进一步确认。评价为易危（VU）和无危（LC）的较为准确。而数据缺乏（DD）的41种，都是吉占和和陈心启（1995）考察有记载，但近年来历次野外考察并未发现，其原因有可能是其分布点未调查到，也有可能是生境遭到破坏已灭绝，亦或是分类学上的鉴定错误等，需要在进一步研究标本和查阅文献的基础上，开展多次野外调查，以获得足够的资料，对这些物种的濒危状况进行准确的评估。

由于本次评估是基于小区域水平上的濒危状况评估，其结果可能和《中国物种红色名录》中的评估结果存在很大的差异，例如，凤蝶兰属*Papilionanthe*的2个种，白花凤蝶兰*P. biswasiana*由于在全国有较多的分布点，在《中国物种红色名录》中评估为濒危（EN），但在西双版纳地区仅有一个已知的分布点，且种群数量较少，我们评估为极危

（CR）；而凤蝶兰*P. teres*却恰恰相反，其仅分布于西双版纳地区勐远至勐养一带石灰山的狭小区域，因而在《中国物种红色名录》中评估为极危（CR），但在这一区域却非常常见，我们的评估结果为易危（VU）。需要说明的是本次评估的结果只是意见结论，并不是科研数据，但评估结果在一定程度上也客观地反映了不同兰科植物目前在区域水平上受威胁的程度，也为进一步开展有针对性的区域性兰科植物保护提供了依据。本次评价也为探讨区域性专类植物濒危状况评估的方法和适用标准做了积极有益的探索。

三 传粉生态学研究

"I never was more interested in any subject in my life than this of orchids！"

达尔文在其巨著《物种起源》出版2年后，在一次给著名植物学家Joseph Hooker的信中写道："在我的一生中再没有什么比研究兰花更感兴趣的事了。"随后于1862年，他的另一部巨著《兰花的传粉》出版，书中对兰科植物奇特的花部特征和结构进行了系统的描述，并通过观察和试验证明了花部结构和传粉功能相适应和进化，有力地支持了其提出的自然选择学说和进化论。继达尔文之后，兰科植物一直是传粉生物学家关注和研究的重点植物类群，不同种类精巧而多样化的花部结构和与之相适应的独特传粉机制令人惊叹！而兰科也被认为是一个由传粉者主导而快速进化的科，其进化过程与传粉者密切相关，全世界有超过25 000种兰科植物，如此丰富的物种多样性也正是由于和传粉者相适应进化的结果（Roberts, 2003）。

兰科植物具有一系列和其他科植物显著不同的花部特征，最为独特的是唇瓣（labellum）、花粉块（pollinarium）和合蕊柱（column）结构。兰科植物的花左右对称，有6枚花被片，分为内、外2轮，外轮的3枚叫萼片（sepal），内轮的3枚叫花瓣（petal），中央的一枚特化的花瓣称为唇瓣。唇瓣通常较大，有艳丽的色彩和各种形状，起到吸引传粉者的作用，同时，唇瓣扭转位于整朵花的下方、和雌雄蕊相对的位置，成为了传粉昆虫"登陆"的平台和进出花朵进行传粉的通道。花粉块由花粉团（pollinia）、花粉团柄（caudicle）、粘盘（viscid disk，也称黏盘，本书统一为粘盘）和粘盘柄（stipe）组成，花粉黏合成花粉团，由花粉团柄和（或）粘盘柄与粘盘相连接，而粘盘镶嵌于蕊喙（rostellum）中，传粉昆虫一旦进入花朵，碰触到蕊喙，粘盘就从蕊喙脱落并粘贴在昆虫身上，使整个花粉块被昆虫带走，这样的结构使昆虫一次访花就可以把全部花粉带走，实现了雄性功能的最大化。合蕊柱则是雄蕊和花柱融合在一起形成的柱状结构，花药（花粉块）在合蕊柱的顶端，柱头形成柱头窝位于花药的下方，这样昆虫的一次访花，既能给花朵授粉又能带走花粉，提高了传粉效率（图4-3-1）。而花药和柱头之间由蕊喙来分隔，避免了自花授粉的发生。很多兰科植物当花粉块被昆虫带走时，整个花

图4-3-1
兰科植物花朵的结构示意图
A 蝴蝶兰
B 兜兰

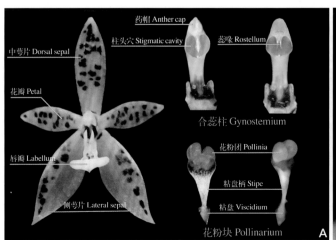
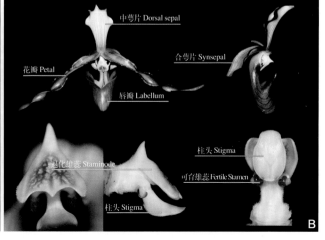

粉块处于直立的状态，这能避免同株异花授粉的发生；当一段时间后，由于花粉团柄或粘盘柄的收缩或弯曲，使得花粉团朝向最有利于接触柱头的位置，当昆虫抵达下一朵花时，正好使花粉团触及柱头窝而完成了精确的传粉过程（图4-3-2）。

虽然大部分兰科植物都是自交亲和的繁育系统，但却进化出了纷繁复杂的促进异交的机制。大约60%的研究过的种类只有1种传粉者，而传粉动物种类却是多样化，但绝大多数为昆虫。蜂类、蝇类、蛾类、蝶类及甲虫类传粉的情况均有报道，其中以蜂类和蝇类传粉最为常见，其他有报道的传粉动物还有鸟类、蚂蚁，甚至蟋蟀（e.g. Micheneau *et al.*, 2006; Micheneau *et al.*, 2010）。自达尔文起，兰科植物和传粉昆虫的适应就被认为是植物通过精巧复杂的花部特征来适应异交传粉的典型（Darwin, 1862; Micheneau *et al.*, 2009），绝大多数兰科植物必须依靠传粉者来进行有性繁殖以及种群的长期生存和维持更新。然而，近1/3的种类却并不为传粉者提供任何报酬而是靠欺骗的手段来吸引传粉者（Nilsson, 1992; Tremblay *et al.*, 2005; Cozzolino & Widmer, 2005），而传粉者并不需要依靠兰科植物（Roberts, 2003）。在全球气候变化和地区生境片段化的背景下，兰科植物和传粉者之间这种高度不对等的关系势必首先受到影响，兰科植物也成为全球性最受威胁的植物类群（Roberts, 2003；罗毅波等, 2003）。在这一前提下，兰科植物是不可避免的灭绝，还是和持续的环境变化相适应？近期的一些研究报道了一些兰科植物奇特的自交机制（e.g. Liu *et al.*, 2006; Micheneau *et al.*, 2008）和传粉者转移（pollinator shifts）的现象（e.g. Mant *et al.*, 2005; Micheneau *et al.*, 2006; Micheneau *et al.*, 2010），这仅仅是兰科植物适应传粉者缺失的进化特例，

还是兰科植物应对环境变化的快速进化趋势，值得我们开展深入研究。

兰科中一个十分独特的现象是近1/3的种类为欺骗性传粉，即开花过程中不为传粉者提供任何回报而是靠欺骗的手段来吸引传粉者，常见的欺骗策略有食源性欺骗（food deception）、性欺骗（sexual deception）和产卵地欺骗（brood-site imitation）等。其中，普通的食源性欺骗最为常见，已发现在38个属中的数千种都为这一类型；其次是性欺骗，在18属中发现约有400种（Dafni, 1984; Ackerman, 1986; Dafni & Bernhardt, 1990; Nilsson, 1992; Tremblay *et al.*, 2005; Cozzolino & Widmer, 2005；Jersáková *et al.*, 2006）。普通的食源性欺骗是通过模拟一些花部信号，如花序形状、花色、气味、蜜导、距或花瓣上像花粉一样的突起颗粒等典型的有回报植物的一些特征来吸引传粉者，但并不模仿某一特定的有回报植物（Gumbert & Kunze, 2001; Galizia *et al.*, 2005; Jersáková *et al.*, 2006），因此，也叫做"非模型拟态（non-model mimicry）"（Dafni, 1986）。另外一类食源性欺骗则是通过模拟特定的有回报物的物种来吸引传粉者，即贝氏拟态（Batesian mimicry）或模型拟态（Model mimicry），其包括两方面的反应，模拟者（mimic）模仿模型（model）所产生的信号，访问者（visitor）对模拟者和模型产生反应（Wickler, 1968; Wiens, 1978; Jersáková *et al.*, 2006）。

对于欺骗性传粉，有两个最让人迷惑的问题。一是兰科植物中有回报物的种类比同类采用欺骗传粉策略的种类具有更高的繁殖成功率（Gill, 1989; Johnson & Bond, 1997; Neiland & Wilcock, 1998; Johnson *et al.*, 2004），那么，欺骗传粉策略有什么优势，是如何得以进化和维持的？二是为什么欺

图4-3-2
凤蝶兰*Papilionanthe teres*
花粉块弯曲过程

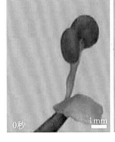

骗传粉现象会如此集中的出现在兰科植物中？对于前一问题，有两个基本的假说来解释。资源再分配假说（the resource-limitation hypothesis）认为不产生花蜜可以把节约的资源投入到开花和种子的生产，然而，大多数兰科植物的有性繁殖在其整个生命周期都是受到严格的花粉限制，而并非资源限制（Calvo, 1993; Tremblay *et al.*, 2005），这就难以解释为什么这些兰科植物不通过产生少量花蜜来吸引传粉者从而增加繁殖成功率。异交假说（the outcrossing hypothesis）认为没有花蜜可以使传粉者每次访问同一个体较少的花朵数，降低了同株异花授粉（geitonogamy）的发生，从而促进异交，这一假说也得到了大量理论和试验的支持（reviewed by Jersáková *et al.*, 2006）。对于为什么欺骗性传粉现象会如此集中的出现在兰科植物中，也有各种假说从不同的角度来加以解释，主要的假说有低密度假说（low-density hypothesis）、花粉块移动假说（pollinia-removal hypothesis）、运输效率假说（transport efficiency hypothesis）和限制花粉滞落假说（limited pollen-carryover hypothesis）（reviewed by Jersáková *et al.*, 2006）。然而，兰科植物中欺骗性传粉系统的进化和维持并不能用一个或几个假说得以全面解释，对不同种类的欺骗性传粉植物，需要全面考虑各种生物和非生物环境因子对其两性繁殖成功的影响。

自动自花授粉（autonomous self-pollination）被认为是植物对传粉者缺失或传粉者不稳定的进化适应，是一种繁殖保障机制（e.g., Barrett, 1985; 1996; Catling,1990; Jacquemyn *et al.*, 2005）。在兰科已知传粉系统的种类中，约31%的种类为自动自花授粉，且在不同的类群中都普遍存在（Catling, 1990; van der Cingel, 2001; Peter & Johnson, 2009）。兰科植物特有的合蕊柱结构，使柱头和花药在位置上很靠近，蕊喙则使柱头和花药隔离，因此自动自交机制也大多和蕊喙缺失或花粉块结构的改变有关。有的种类开花后易碎的花粉块直接脱落到柱头上而完成自交，有时甚至在花蕾阶段就发生了（Johnson & Edwards, 2000; Peter & Johnson, 2009）；有的种类是整个花粉块滑落到柱头上（Mehrhoff, 1983）。其他的自交

机制还有：蕊喙分泌物能促进花粉管生长而直接进入柱头（Catling, 1990）；花粉块自动膨大接触到柱头而完成自交（Micheneau *et al.*, 2008），最极端的例子是大根槽舌兰 *Holcoglossum amesianum*，开花后药帽自动脱落，花粉块柄弯转360°，将花粉团送到柱头上完成自交（Liu *et al.*, 2006）。兰科植物中的自交机制极为多样化，发生的程度和对繁殖的贡献也不同，大部分种类仍保持适应昆虫传粉而达到异交的潜能（Johnson & Edwards, 2000）。

从生态系统的层面上开展兰科植物的繁殖生态学研究是进行兰科植物有效保护的基础和前提，也对研究兰科植物的进化和适应具有重要意义（Roberts, 2003）。对于特定的珍稀濒危兰科植物，开展繁殖生态学研究是了解其濒危机制的关键环节，在此基础上才能制定出有效的保护策略，进一步采取有针对性的保护措施，如生境的有效管理、迁地保护或回归等。西双版纳是我国兰科植物多样性最为丰富的地区之一，然而，长期以来对这一地区兰科植物繁殖生态学的研究却非常缺乏。正在加剧的生境片段化有可能对很多兰科植物的传粉系统产生影响，进而影响到这些植物的结果、幼苗更新和种群的长期维持。近年来我们对西双版纳地区的一些兰科植物开展了系统的繁殖生态学研究，以下3个研究案例在带给我们非常有趣的兰花传粉故事的同时，或许也能给我们一些保护方面的启示。

1. 只开花不结果的芳香石豆兰：花香的代价？

石豆兰属*Bulbophyllum*是兰科最大的属之一，有1900多种，广泛分布于亚洲、非洲和美洲热带地区，仅我国就有103种之多，其中33种为我国特有种，目前西双版纳记录到的石豆兰属植物有47种（Chen & Vermeulen, 2009）。很多石豆兰属植物通过匍匐根状茎附生在树干或岩石表面，一颗颗圆形的假鳞茎就像从石头上长出的豆子，故名石豆兰。

石豆兰属植物的花从假鳞茎基部或根状茎的节上抽出，有的是单花，有的则是许多花组成总状或近伞状花序。其花最显著的一个特征是唇瓣的特殊结构，唇瓣基部通过一个具有弹性的膜与蕊柱足末端连

接，使得唇瓣可像人体四肢的关节一样活动，这种"铰链结构的唇瓣"（hinged labellum）在传粉过程中有着特殊的作用。Ridley（1890）很早就观察到了这一有趣的现象，当传粉昆虫落到唇瓣上时，由于昆虫的重力作用导致唇瓣向下运动，当运动达到平衡点时，唇瓣反弹将传粉昆虫掷向合蕊柱；有的种类其唇瓣则借助风力来运动，把小的传粉者送到花内部完成传粉（Ridley, 1890; Borba & Semir, 1998）。很多石豆兰属植物的花具有腐肉的臭味，吸引蝇类来为其传粉（van der Pijl & Dodson, 1969），因而石豆兰属植物也被认为是具有典型的蝇类传粉综合征（Dressler, 1981; 1993）。但也有一些种类分泌花蜜作为报酬（Jones & Gray, 1976），还有的种类以气味作为报酬，例如生长在巴西的一种石豆兰*B. baileyi*的气味主要成分为姜酮，被一种雄性果蝇收集后作为性信息素合成的前体（Tan & Nishida, 2007）。

芳香石豆兰*Bulbophyllum ambrosia*是西双版纳地区石灰山森林中一种常见的兰科植物，其具有密集的假鳞茎，顶生1枚叶，直立花序从新生假鳞茎长出，通常只有1朵花，常常在光照和通风较好的石灰岩山顶成片附生于岩石和树干上（图4-3-3）。在西双版纳热带雨林国家公园绿石林景区（21°41′N, 101°25′E；海拔580m），我们对31属49种兰科植物开展了

每周一次的种群动态和物候长期监测，在此过程中发现芳香石豆兰在花期开花繁茂，也有昆虫访花，但在不同地点都没有观察到结果或幼苗。是什么导致芳香石豆兰只开花不结果呢？我们决定一探究竟。我们从2008年至2011年连续3年对芳香石豆兰开展了每周1次的物候观察记录，对芳香石豆兰花部特征、花的形态和结构进行详细的观察、测量和描述；同时，花期开展了自交、异交和对照3种人工授粉试验。2009年和2010年的花期，连续2年在不同地点进行了访花动物的观察，并对总计174朵花的花粉块移出和花粉块沉降情况进行了监测和统计。

芳香石豆兰的花期为12月上旬至翌年的1月初，花序从新生的假鳞茎基部抽出，1~2朵花，大多为1朵，单朵花开放4~5天，和同属其他植物一样，唇瓣和蕊柱足通过一个具有弹性的膜连接，形成一个活动的铰链结构（图4-3-4）。花在开放时有浓郁的香气，蕊柱足末端观察到有明显的花蜜。2008年至2011年，连续3年对研究地点的芳香石豆兰的物候监测都没有发现有自然结果。随机开展的花粉块移出率和柱头花粉块的沉降率调查结果为：2009年分别是53.7%和23.1%（n=134），2010年一个观察点为31.6%和0（n=20），另一个观察点为55.0%和15.0%（n=20），两年共计174朵花，但仍没有发现有结实（陈玲玲和

图4-3-3
芳香石豆兰成片附生于石灰岩山顶的岩石或树干上，具有很强的克隆生长能力，这一大片植株可能都是同一个克隆个体

图4-3-4
中华蜜蜂为芳香石豆兰传粉的过程示意图
A 后背携带有花粉块的中华蜜蜂落在芳香石豆兰铰链结构的唇瓣上
B 唇瓣被中华蜜蜂下压
C 唇瓣反弹回初始位置，中华蜜蜂后背紧贴合蕊柱，挣扎过程中花粉块被柱头粘住，完成授粉
D 中华蜜蜂后退离开并带走花粉块

图4-3-5
一只背上携带有花粉块的中华蜜蜂正在访问芳香石豆兰花

高江云，2011）。

　　我们在2年中共观察到4种访花昆虫，中华蜜蜂Apis cerana cerana、基胡蜂Vespa basalis、一种蚂蚁和一种蝗虫。其中，蝗虫为植食性昆虫，啃食芳香石豆兰的花瓣；蚂蚁在新开的花中很常见，其直接到蕊柱足末端取食花蜜，并不和花粉块或柱头接触，为盗蜜者。共观察到基胡蜂访花5次，其停留在芳香石豆兰的唇瓣上，唇瓣被下压，但由于体型较大，下压后的唇瓣无法反弹回去，基胡蜂在整个访花过程中并没有接触到合蕊柱，也未观察到其携带花粉块。因此基胡蜂只是芳香石豆兰的偶尔访花者，并不起到传粉的作用。

　　中华蜜蜂为芳香石豆兰有规律的访花者，一般出现在上午10点以后，访花频率非常高。芳香石豆兰的花期正值西双版纳地区的雾凉季，上午10点以后才出太阳，气温开始回升，此时中华蜜蜂开始活动，访花高峰期集中在11:00到15:00，其后访花很少。我们观察到并用摄像机记录了其为芳香石豆兰传粉的完整过程，证明中华蜜蜂是芳香石豆兰的有效传粉者（图4-3-5）。其传粉过程非常有趣，当其落在芳香石豆兰的唇瓣上时，由于重力使得唇瓣被下压，当达到一定程度时，唇瓣向上反弹把中华蜜蜂直接送到唇瓣和合蕊拄之间的通道，此时中华蜜蜂的后背压向合蕊柱，其背部携带的花粉块正好落到有黏液的柱头上，完成了授粉；中华蜜蜂继续向前爬去采食蕊柱足末端的花蜜，当挣扎着原路后退时，其中胸拱起，后背紧贴合蕊柱，掀翻药帽并带走花粉块（图4-3-4）。

　　结果率低在两性花植物中是一个普遍的现象，缺乏有效传粉、资源限制和植食作用被认为是导致结实率低的主要原因（Berjano et al., 2006），其中，缺乏有效传粉常常导致很多植物结实率低（Schemske, 1980; Howell & Roth, 1981; Arista et al., 1999）。芳香石豆兰开花正常，中华蜜蜂是其有效的传粉者，有很高的访花频率，花粉块移出率和柱头花粉块的沉降率都很高，不存在传粉者限制。那么，芳香石豆兰不结果的真正原因是什么呢？

　　在我们3年的人工授粉试验中，自交和对照处理都不结果，而用来自于不同地点花粉块授粉的异交处理中，结果率却高

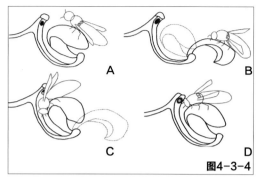

图4-3-4

图4-3-5

达90%以上，这说明芳香石豆兰是自交不亲和物种，也就是说同一个植株的花粉授粉不能结果。兰科植物普遍都是自交亲和的，但自交不亲和物种在兰科不同类群中都有报道（van de Pijl & Dodson, 1966; Dressler, 1993; Tremblay et al., 2005）。自交不亲和的兰科植物其结果率通常都非常低，如Tolumnia variegata的结实率低于2%（Calvo, 1993; Ackerman et al., 1997），热带地生兰Malaxis massonii的2个不同种群的结果率分别为1.4%和3.4%（Aragón & Ackerman, 2001），Liparis lilifolia 2年的平均结果率仅为1.6%（Whigham & O'Neil, 1991）。自花和同株异花授粉可能是导致自交不亲和兰科植物结实率低的主要原因（Tremblay et al., 2005）。

　　芳香石豆兰具有很强的克隆生长能力，同一个地点的芳香石豆兰植株可能都是同一个克隆个体。同一个个体花期内有大量的花同时开放，中华蜜蜂在不同花之间来回穿梭，平均单次访花4.29±0.40朵（n=66），造成了严重的同株异花传粉。芳香石豆附生于石灰山森林山顶的岩石或树干上，那里的生境片段化严重，使得不同个体之间花粉交流困难，由于自交不亲和的特性，最终导致了芳香石豆兰自然结果率很低或不结果。

对于芳香石豆兰的就地保护或回归而言，种群内增加不同遗传来源的个体数量，促进不同个体之间的花粉传递从而保障一定的自然结果率，是促使自然种群或回归种群得以长期维系和更新的重要基础（陈玲玲和高江云，2011）。

已研究过的石豆兰属植物都是自交亲和的（Borba & Semir, 1999），同时花都有臭味，为蝇类传粉；而芳香石豆兰为自交不亲和的，花具有香味，为蜂类传粉，不结果是芳香石豆兰为花香而付出的代价吗？

2. 花不开放也能结果的虎舌兰：雨林深处的秘密

兰科中有一类植物没有绿叶，也不能进行光合作用，它们依靠与其共生的真菌提供营养来生活，被称为腐生兰。腐生兰一般生活在阴暗、潮湿、多腐殖质的林下，平时看不到其植株，只能在短暂的花期一睹其芳容，因此也被称为"幽灵兰花"（ghost orchids）。虎舌兰*Epipogium roseum*就是这样一种典型的"幽灵兰花"，虽然它广泛地分布于世界各地，但要看到它却并不容易。在西双版纳石灰山季雨林深处阴暗潮湿的林下，每年的5月，成片的虎舌兰花序仿佛应邀集会，一夜之间从各个阴暗的角落里悄无声息地出现（图4-3-6），每个花序从开花、结果、果实成熟到种子散布仅短短2周左右就完成了，而一整片的虎舌兰这一过程也仅仅持续20余天，然后又无声无息地消失得无影无踪。虎舌兰从开花到结果的整个过程在如此短暂的时间里就完成了，它是怎么做到的？需要昆虫为它传粉吗？虎舌兰生长在林下阴暗潮湿的地方，昆虫活动极少，如何来吸引传粉昆虫呢？让我们来一一解开这雨林深处的秘密。

虎舌兰的总状花序从地下的肉质块茎上长出，整个花序呈乳白色，每个花序一般有10余朵花，从下往上依次开放；花并不完全打开，呈半开放状态，有明显的香味；唇瓣较宽并有很多紫色的斑点。我们在2009年和2011年对虎舌兰的访花昆虫进行了野外观察，结果发现中华蜜蜂*Apis cerana cerana*是唯一的访花者，它们登上唇瓣，调整身体姿态后进入花中吸取花蜜（图4-3-7）。令人感到奇怪的是我们并没有观察到任何访花的中华蜜蜂身体上带有虎舌兰的花粉，同时，2年的观察发现，在同一个地点不同年份、同一年份不同地点，中华蜜蜂的访花频率差异都非常大。在套袋试验中，随机选择不同花序在开花前进行套袋处理，发现结果率和不套袋自然条件下的结果率没有显著差异，都高达90%以上，而开花前2天去除雄蕊后不套袋的花却完全不结果（Zhou *et al.*, 2012），这些结果说明虎舌兰并不需要传粉昆虫也能结果，中华蜜蜂访花并不能给虎舌兰传粉。

图4-3-6
虎舌兰的花序出现在雨林深处阴暗潮湿的林下

图4-3-7
一只中华蜜蜂访问虎舌兰的花

我们对虎舌兰不同发育时期的花进行了解剖观察，终于弄清楚了其自花授粉的秘密。虎舌兰花的蕊喙严重退化，不能有效隔离柱头和花粉块，随着花的发育，柱头膨大，松散的花粉块从花药中释放出来，直接接触到柱头而完成了自花授粉（图4-3-8）。自花授粉一般在花开的前一天就完成了，这样，虎舌兰的花即使不开放也能结果！这就很好地解释了为什么开花前套袋并不影响其结果，而开花前2天除去雄蕊却不能结果。另外，虎舌兰的花粉块没有粘盘，粘盘的缺失导致中华蜜蜂访花也不能携带花粉块，不能对虎舌兰进行传粉（Zhou et al., 2012）。

全世界的腐生植物有400余种，分布在87个属的11个科（Furman & Trappe, 1971）。目前对这一类群植物繁殖生态学的研究相对较少，有限的几例研究表明，腐生植物的花较小、颜色暗淡、不具花蜜等传粉回报物，大都采用自动自交的传粉策略（Takahashi et al., 1993; Zhang & Saunders, 2000）。有学者认为腐生植物倾向于专性自交的传粉方式是由于资源限制所致——腐生植物必须依靠其共生的真菌提供营养，而专性自交不需要投入更多的资源在花粉、花蜜和艳丽的花瓣等吸引昆虫的花部结构（Takahashi et al., 1993; Zhang & Saunders, 2000）。而对虎舌兰的研究结果却并不支持这一资源限制假说。虎舌兰的花能够正常开放，其花具有很多吸引传粉昆虫的花部特征，例如，花有距，距内有花蜜，唇瓣有紫色的蜜导，花有香味等；野外观察也发现，虎舌兰能成功吸引中华蜜蜂访花，但访花频率随时间和地点的变化有很大差异。虎舌兰完全放弃了昆虫传粉，那些吸引传粉昆虫的花部特征可能只是进化上的冗余，其采用自动自花授粉的自交方式进行有性繁殖，可能是由于其传粉者访花行为的不确定性和其腐生生活型所导致的进化结果。

3. 果实累累的多花脆兰：雨中欢歌

多花脆兰 *Acampe rigida* 是一种广泛分布于东南亚各国和非洲热带地区的大型附生兰，在西双版纳地区也很常见，通常附生于海拔560～1600m的石灰山森林林缘树干或岩石上。无论什么时候，只要你在野外发现多花脆兰，总能看到它果实累累的样子，其蒴果外形和颜色都很像香蕉，所以在有的地方，人们也形象地把多花脆兰叫做"香蕉兰"（图4-3-9）。

多花脆兰在每年的8～9月开花，具有典型的欺骗性传粉植物的特征，其萼片和花瓣为黄色，并有艳丽的紫褐色条纹，有香味，但没有花蜜或其他传粉回报物（图4-3-10）。一般说来，欺骗性传粉的兰科植物繁殖成功率都很低（Johnson et al., 2004），而8～9月又正值雨季，各类传粉昆虫活动稀少，而多花脆兰总是硕果累累，莫非它和虎舌兰一样不需要传粉昆虫，具有自动自花授粉的机制？还是有一类善于在雨季活动的特殊昆虫为其传粉？

我们对多花脆兰的开花过程进行了仔细的观察和研究，并没有发现其能自动自花授粉。2009年和2010年的花期，我们在野外不同地点开展了总共132小时的访花昆虫观察，只有一次观察到了一种雄性土蜂（*Scolia* sp.）访问多花脆兰的花，但它并没有带来或带走花粉块，其他再没有看到任何访花昆虫，而所标记的花自然结果率却分别为39.6%（2009年，n=101）和43%（2010年，n=337）。通过长期的野外观察和研究，我们终于发现了雨水能为多花脆兰传粉！多花脆兰为自交亲和植物，其花序直立，所有花都向上开放（图4-3-11）。其粘盘卡在蕊喙下方，粘盘柄具有伸缩性，这样使得粘盘、粘盘柄和花粉块就组成了类似链球一样的结构（图4-3-12），下雨时，雨滴击打药帽使其弹开，暴露出花粉块，在雨滴的再次打击下，花粉块向上弹起，由于粘盘固定，粘盘柄的伸缩作用使花粉团翻绕270°，越过蕊喙，精确地落入柱头窝，完成了自花传粉（Fan et al., 2012）。我们用摄像机完整地记录下了这一奇特的雨水传粉过程（http://ecrg.groups.xtbg.ac.cn/），其花粉块在雨水作用下的精妙运动令人叹为观止！

雨后的调查发现花粉块的移除率和沉

图4-3-8
虎舌兰花在不同发育阶段，柱头和花粉块的相对位置示意图。随着花的发育，柱头膨大，松散的花粉块从花药中释放出来，直接接触到柱头而完成了自花授粉 Ac: 药帽；R: 蕊喙；S: 柱头；P: 花粉块

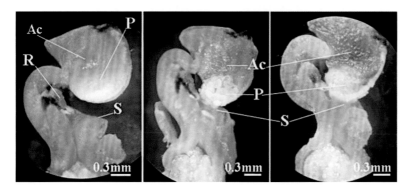

0.3mm 0.3mm 0.3mm

图4-3-9

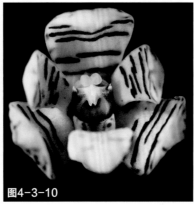

图4-3-10

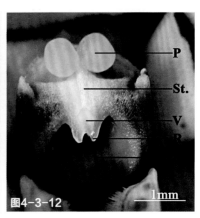

图4-3-12

降率分别高达72%和60%（n=101）；对野外17个不同地点95个花序开展人工遮雨处理，平均结果率仅为3.47±0.78%（n=95），极显著低于同期对照的自然结果率24.88±1.37%（n=141），这表明雨水传粉对多花脆兰的结实起着重要的作用。通过长期的物候观察记录，我们发现多花脆兰8～9月开花之后，果实要到第3年的3～4月才成熟，长达18个月之久，因而一个植株上常常同时有不同年份结的果实，这也是多花脆兰一年四季总是果实累累的原因之一。

对于有花植物来说，花粉在花药和柱头之间的成功传递是有性繁殖过程中最重要的环节。传递花粉的媒介可以是无生命的风或水，也可以是有生命的各种动物。在无生命的媒介中，风媒（anemophily）非常普遍，被子植物大约18%的科中都有发现（Ackerman, 2000; Culley et al., 2002）；水媒（hydrophily）指通过水流（潮汐）来传递花粉，主要见于一些水生植物中（Cox, 1988）。在早先的文献中，Hagerup（1950）报道了在法罗群岛雨水作为传粉媒介对几种典型的虫媒植物传粉的观察，包括毛茛科毛茛属*Ranunculus*几种植物、驴蹄草*Caltha palustris*和百合科植物*Narthecium ossifragum*，这些植物的花杯状、直立，下雨时保持开放的花内能够蓄积一定量的雨水，花粉被雨水冲刷到水面，漂浮到达位于水面的柱头而实现自花授粉。由此，"雨媒"（ombrophily, pollination by rain splash）也作为一种传粉方式被记录和广泛的提及，并被认为是由于传粉昆虫缺乏而产生的一种繁殖保障机制（Stebbins, 1957; Faegri & van der Pije, 1979）。

然而，普遍的观点认为，雨水对于虫媒植物的传粉是非常不利的，这不仅仅表现在雨水能冲走花粉、稀释花蜜、减少传粉者的访花，同时，雨水可能对花瓣、雌蕊、雄蕊等花部器官造成破坏，妨碍花粉在柱头上的萌发（Sprengel, 1793; Corbet & Plumridge, 1985; Corbet, 1990; Bynum & Smith, 2001）；更致命的危害则是很多被子植物的花粉在开花后需要经历一个脱水（dehydration）和再水合（rehydration）的过程，以应对传粉过程中的不利环境，对于花粉不耐水的植物，雨水会让花粉发生致命的爆裂（Corbet & Plumridge, 1985; Heslop-Harrison, 1987; Taylor & Heplor, 1997; Nepi et al., 2001; Huang et al., 2002; Sun et al., 2008; Mao & Huang, 2009; Katifori et al., 2010）。Darwin（1876）认为花的结构具有保护花粉不被雨水破坏的功能。Mao和Huang（2009）在对80种随机选择的被子植物的调查中发现，水对其中大多数种类的花粉具有破坏作用，仅有不足1/4的种类的花粉具有相对较高的耐水性，而花部结构对花粉是否具有保护作用和花粉的耐水性密切相关，这也验证了花结构具有保护花粉不被雨水破坏的功能，"雨"作为重要的进化选择力量使大多数植物进化出了防止花粉接触雨水的花部结构（Mao & Huang, 2009）。

一些学者对"雨媒"这一传粉形式的真实性也提出了质疑（Faegri & van der Pije, 1979; Cox, 1988; Jacquemart, 1996）。相关于Hagerup（1950）所报道的几种"雨媒"植物，此后对不同种类的毛茛属植物的大量研究并没有任何关于雨水传粉的报道，而其杯状的花也并非是为了盛放雨水，而是起到了汇集阳光的作用，以使花内温度升高，以吸引传粉昆虫（e.g. Totland, 1994; Sherry & Galen, 1998）。驴蹄草为自交不亲

图4-3-9
果实累累的多花脆兰

图4-3-10
多花脆兰的花具有典型的欺骗性传粉植物的花部特征

图4-3-11
多花脆兰的花序直立，所有花都向上开放

图4-3-12
多花脆兰的合蕊柱结构。P：花粉团；St：花粉团柄；V：粘盘；R：蕊喙；S：柱头

图4-3-11

和植物（Lundqvist，1992），因此雨水自花传粉产生繁殖保障也就无从谈起。而对*Narthecium ossifragum*的研究更是得出了与Hagerup完全相反的结论，其为自动自交传粉，雨水对其花粉有很大的破坏作用，60%～70%的花粉在水中爆裂，雨水传粉并不存在（Daumann，1970；Jacquemart，1996）。而Hagerup稍后在同一地点，对包括*Narthecium ossifragum*在内的不同植物传粉生物学的研究中，也没再提及到雨水传粉（Hagerup，1951）。胡椒*Piper nigrum*是最早被认为雨水对其有传粉作用的植物（Anandan，1924），然而，Sasikumar *et al.*（1992）对其重新研究发现雨水对黑胡椒并没有实质性的传粉作用，其具有自交和无融合生殖（apomixis）的繁育系统，对同属其他植物的大量研究也没有发现雨水传粉的现象（de Figueiredo & Sazima，2000；2004）。

兰科植物中也有2例和雨水相关的自交报道。巴西西南部热带雨林中的*Cyrtopodium polyphyllum*，盛花期为雨季的11月，雨水在柱头窝中聚集，溶解柱头分泌物，形成一个黏滞的液滴，并接触到花粉团，当蒸发作用使液滴缩小时，花粉团也随之被带到柱头上而完成了自交；降雨可能会持续多天，加之液滴的蒸发过程，使整个自交传粉过程需7～9天，此自交机制导致的结实率为2.2%，而自然结实率为2.42%，说明雨水传粉是它保障结实的重要策略（Pansarin *et al.*，2008）。羊耳蒜属植物*Liparis loeselli*是兰科中已知较早的自动自花传粉植物，也是典型的由于粘盘和花粉块柄发育不全导致花粉团直接滑落到柱头而完成自交的种类（Kirchner，1922），Catling在温室里观察到雨水（人工模拟）能促使其部分悬挂在蕊喙边缘的花粉团落入柱头实现自交，从而增强了自交的发生（Catling，1980）。

兰科植物中的自交机制极为多样化，发生的程度和对繁殖的贡献也不同，大部分种类仍保持适应昆虫传粉而达到异交的潜能。对于欺骗性传粉植物，有观点认为当传粉者丰富时，欺骗性传粉机制由于能促进异交而对植物是有益的，但当传粉者持续缺乏时，进化选择更偏向于有回报的物种或使植物向自动自交转变。多花脆兰进化出了适应雨水传粉的花部特征，如花序直立、花朵交叉排列且向上开放、花瓣肉质厚实有弹性、合蕊柱结构特殊等。多花脆兰的这种雨水传粉机制不同于兰科植物中其他已知的自交机制，是有花植物中第一例真正意义上的雨媒植物！

四 兰科植物的种子与萌发

兰科植物区别于其他大部分植物的一个显著特征是其种子非常细小，通常在一个蒴果中就含有几十万到上百万粒轻如尘埃的微粒种子，即所谓的尘埃种子（dust seeds），最多的每个果实可达四百多万粒种子（图4-4-1）。不同种类兰科植物种子外形差异较大，有丝状、纺锤状、棒状、椭圆形等，有的还带有明显的种翼，但以中间大两边小的纺锤形较为常见（图4-4-2）。并且种子大小差异很大，一般在长0.05～6.0mm、宽0.01～0.9mm的范围内（Arditti & Ghani，2000）。在我们所做的测量中，

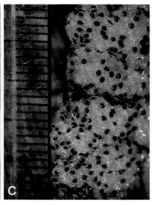

图4-4-1
兰科植物的蒴果和种子
A 西藏虎头兰*Cymbidium tracyanum*的蒴果
B 硬叶兰*C. mannii*（左）和兜唇石斛*Dendrobium cucullatum*（右）的蒴果和种子
C 毛萼山珊瑚*Galeola lindleyana*的果肉和种子

图4-4-2
各种兰科植物种子的显微
照片
A 虎舌兰
 Epipogium roseum
B 勐海天麻
 Gastrodia menghaiensis
C 莎草兰
 Cymbidium elegans
D 肉药兰
 Stereosandra javanica
E 齿瓣石斛
 Dendrobium devonianum
F 白花异型兰
 Chiloschista exuperei
G 大花万代兰
 Vanda coerulea

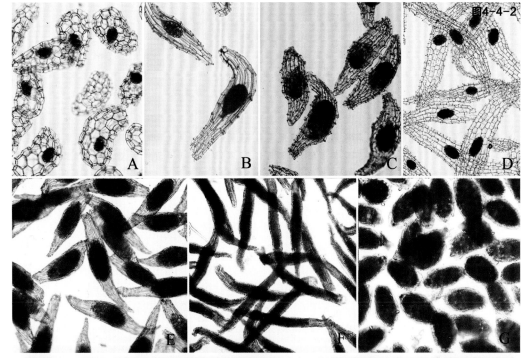

图4-4-3
各种兰科植物种子的电镜
扫描照片
A 芳线柱兰
 Zeuxine nervosa
B 尖囊蝴蝶兰
 Phalae-nopsis braceana
C 硬叶兰
 Cymbidium mannii
D 多花指甲兰
 Aerides rosea
E 虎舌兰
 Epipogium roseum
F 扁球羊耳蒜
 Liparis elliptica

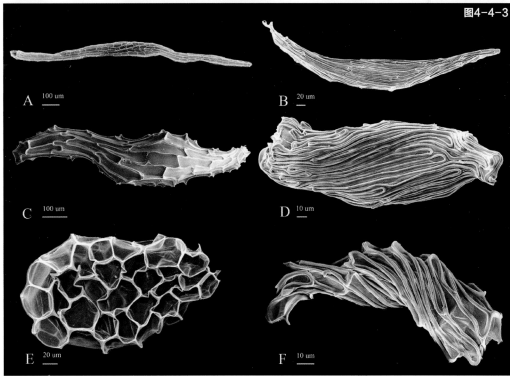

较大的如毛萼山珊瑚*Galeola lindleyana*的种子，圆形种子直径可达1mm，较小的如扁球羊耳蒜*Liparis elliptica*的种子，大小为0.095mm×0.02mm（图4-4-3）。兰科植物成熟的种子没有胚乳或子叶，胚乳在种子发育的早期就退化消失了，仅有未分化的胚。尽管一些种类的种子中含有脂类作为营养储备，但仍需要依靠特定共生真菌提供营养来萌发（Manning & van Staden, 1987; Rasmussen, 1995; Arditti & Ghani, 2000）。兰科植物的胚在种子中仅占较小的体积，而气囊则占种子体积的60%以上，加之种皮致密、透性差，使得兰科植物的种子像一个微型"气球"，能随空气或水流得以长距离散布（Arditti & Ghani, 2000）。

自然条件下，兰科植物种子需要依靠

特定共生真菌提供营养来促进其萌发和发育。从种子萌发到幼苗期需要很长的时间，最长的可达一年以上；萌发后的生长发育过程中也往往需要依赖与之共生的真菌，只有当真菌与幼苗的根形成共生菌根后，改善了水分和矿质营养的吸收利用，植株才能正常地生长发育。近期通过种子袋技术的一些研究表明，兰科植物种子在野外萌发率相对较高，达10%以上，但大多仅萌发到原球茎阶段，成苗率非常低，如对珊瑚兰*Corallorhiza trifida*的研究发现，其野外种子萌发率达8.8%，但成苗率却低于0.03%（Rasmussen & Whigham, 1993; Bidartondo & Bruns, 2005; McKendrick *et al.*, 2000）。

目前，利用兰科植物种子在人工无菌培养基上进行非共生萌发的技术已经非常成熟，使得通过种子大规模繁殖幼苗得以实现，这已在一些药用和观赏兰科植物的商业化生产中广泛应用。在兰科植物的保育方面，获得特定对兰科植物种子萌发有效的真菌，利用种子和真菌共生萌发获得种苗，能显著提高幼苗回归到自然环境中后的存活率和幼苗生长速度（Johnson *et al.*, 2007），这方面的研究也正成为兰科植物保育工作中的重要内容。

1. 兰科植物种子的长期保存

随着世界各地保护工作的不断开展，人们逐渐认识到仅通过开展就地保护（*in situ* conservation）难以有效地拯救全世界的兰科植物，迁地保护（*ex situ* conservation）被认为是未来兰科植物综合保护策略的一个必要组成部分（Swarts & Dixon, 2009）。兰科植物种子微小，每个果荚有数量惊人的种子，开展兰科植物种子的长期保存无疑是占用空间最小、花费最少，同时能保存大量种类和遗传多样性最有效的途径。早期的研究发现一些兰科植物的种子在保存了20年后仍具有一定的活力（Knudson, 1954），此后的大量研究证明很多兰科植物的种子在适当干燥后，贮存于-20℃条件下，数十年后仍具有较高的活力（Seaton & Pritchard, 2003）。

由英国皇家植物园邱园科学家Hugh Pritchard和Philip Seaton发起和主持开展的"兰科植物种子贮存与可持续利用"项目（Orchid Seed Stores for Sustainable Use, OSSSU; http://www.osssu.org），最初的目标是以亚洲和中南美洲的兰科植物热点地区为重点，在3年的项目期间收集和保存250种兰科植物种子。随着项目的开展，OSSSU目前已经成为兰科植物种子保存的一个全球性网络，有22个国家的31个研究所加入这一网络，其下一步目标是在全球各地保存至少1000种兰科植物种子，并实现数据共享。OSSSU不定期举办相关的培训班和会议，讨论和分享各参与研究所兰科植物种子保存的技术、经验和数据，并提供指导（Seaton & Pritchard, 2011）。目前已形成了较为成熟和系统的兰科植物种子长期保存方法和操作流程。对OSSSU建议的兰科植物种子长期保存的流程和技术总结归纳如下。

（1）种子的获得

获得兰科植物的种子有多种途径，可向相关机构购买、相互交换、在取得合法采集许可的情况下直接到野外采集等。但由于野生兰科植物资源日渐稀少，为了减少野外植株的采集压力，大部分机构倾向于鼓励利用栽培的植株通过人工授粉的方式获得种子。种子质量的高低由多方面的因素所决定，如父本和母本植株的生长情况、授粉时的花朵情况、种子的收获时间以及果荚发育期间的环境条件等。

在人工授粉时，尽量选择生长良好的植株作为父母本，并在不同个体之间进行异交授粉，以使种子具有更丰富的遗传组成，但如果只有一株个体时，也可采用自交授粉。对于大部分兰科植物来说，刚开放的花朵具有较高的花粉活力和柱头可授性，但也并非全都如此，如兜兰属的植物就在花开放7天后授粉成功率更高。一个植株若有大量花朵，授粉的花朵数应控制在总数的10%以内，以避免因大量结果而过度消耗营养，影响母株生长，同时也能保证果实能正常发育成熟。授粉成功后可将不需要的花朵摘除，若有昆虫啃食幼果的情况，可用尼龙网袋进行套袋。需要特别注意的是，要对所授粉的花朵进行挂牌标记，并详细记录授粉情况，如花粉来源、授粉时间、花粉块情况等，以便对每一个果实的生长发育情况进行监测，以及在随后的种子保存时建立种子档案。

兰科植物的果实大都为蒴果，少数的种类，如香荚兰属Vanilla为荚果、山珊瑚属Galeola为肉质果。一些种类的果荚需要几个月甚至1年以上才成熟，所以授粉后的挂牌和观察详细记录很重要。大多数的种类果荚成熟时由绿色转为黄褐色，但有些种类的果荚并不变黄，绿色时就已经成熟并裂开散布种子。热带附生兰的果荚在种子散布时一般会发生脱水和爆裂，而温带地生兰的果荚通常并不明显的裂开，看上去十分完整的果荚很可能已经没有种子了。对于长期保存的种子来说，应该在种子完全成熟时采收，此时种子具有较高的干燥耐受性，易于长期保存（Seaton, 2007）。采收时需要记录果荚是否裂开、授粉至采收时的时间长短等数据。如果是采集野外的果实，还要尽可能记录植株生长的各种环境数据，如海拔、温度、土壤条件、光照情况、附主植物种类等。果荚一旦采收后，应立即进行下一步的干燥或其他处理。

（2）种子的长期保存

兰科植物种子的长期保存，一般有种子收集和质量检测、种子干燥、低温保存3个步骤。采收后的果荚若尚未裂开，先切除果荚两端不易清洗的部分再进行果荚的表面清洗，若果荚已裂开，可轻轻弹动果荚收集种子。种子质量的初步检测可以在低倍显微镜下观察种子中胚的发育情况来判断，通常胚饱满的种子发育良好，活力强，而没有胚或胚小的种子无活力（Seaton & Ramsay, 2005）。同属其他种的种子形态特征，如颜色、形状、胚大小等，也可作为粗略判断种子质量的参考。

干燥是兰科植物种子保存的关键环节，经干燥处理后种子含水量降低可以增加其预期保存寿命。目前，推荐采用饱和

氯化锂（LiCl）溶液作为干燥剂，其在20℃时能提供约12%的相对湿度环境。可将种子铺成薄层，放置于用凡士林密封的干燥器中，在室温下经过4天的缓慢干燥即可（图4-4-4）。需要特别注意的是不建议采用硅胶来进行干燥，这很容易使种子快速脱水而失去活力。干燥结束后，为避免种子含水量再次发生变化，应迅速将种子转移至密封的保存管中。保存管采用玻璃小瓶最好，种子应尽量装满，使瓶里不留太多的空气。几个保存管可放入更大的密闭容器瓶中，同时一起放入硅胶作为干燥指示剂以监测容器瓶是否保持密封、有无潮湿空气进入（图4-4-5）。将每个种子保存管和容器瓶附上标签后，即可放置于-20℃的条件下进行长期保存（图4-4-6）。保存过程中应避免频繁取出，以免湿润空气进入，改变种子含水量，进而影响种子的保存寿命。准确的物种鉴定是种子保存的基础，对于每一份长期保存的种子，应建立完善的种子档案，包括种子来源、父母本信息、种子采收、处理、活力检测、干燥、保存时间和条件、保存过程中的活力检测等信息。有条件的话，还可对父母本的植株和花进行拍照、制作花的浸泡标本等。

中国科学院西双版纳热带植物园濒危植物迁地保护与再引种研究组从2012年开始开展滇南地区野生兰科植物种子的收集和长期保存工作，目前已保存了137种兰科植物种子，其中，附生兰107种、地生兰23种、腐生兰7种，每一种兰科植物都尽量收集和保存数份不同遗传来源的种子，在保存过程中，每年开展一次种子活力检测，并建立了完善的种子档案。这为进一步开展濒危兰科植物迁地保护和野外回归奠定了基础。

图4-4-4
兰科植物种子的干燥。干燥器下层为饱和氯化锂（LiCl）溶液，种子铺成薄层放置于干燥器的上层进行干燥

图4-4-5
干燥好的种子转移至密封的保存管中，再放入密闭容器瓶中，种子保存管和容器瓶均需附上标签

图4-4-6
放置于-20℃的条件下进行长期保存

图4-4-4

图4-4-5

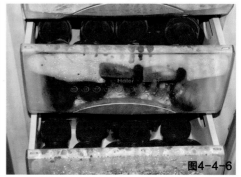

图4-4-6

2. 兰科植物种子的非共生萌发

兰科植物种子的非共生萌发也叫无菌萌发，就是利用植物组织培养的技术和方法，使兰科植物种子在人工无菌培养基上进行萌发，整个过程不需要和任何真菌共生，而由培养基提供种子萌发所需要的营养。这对于一些兰科植物，特别是附生兰，是目前在短期内获得大量幼苗最为经济和有效的快速繁殖方法，已在一些药用和观赏兰科植物的商业化生产中得以广泛应用。兰科植物种子非共生萌发的操作过程和技术与植物组织培养大同小异，现根据我们实际工作的经验，就种子采集、消毒、播种、培养基成分、培养条件等环节和操作细节上所需注意的问题进行归纳和总结。

兰科植物的果实从授粉到成熟所需时间差异很大，有的种类授粉后几天就成熟并开始散布种子，如虎舌兰、毛叶芋兰等，有的则要几个月，甚至更长时间，如多花脆兰的果实成熟就需要约18个月（表4-4-1）。一般来说，胚的成熟度与种子非共生萌发的萌发率密切相关，但一些种类未成熟或接近成熟的种子比成熟种子具有更高的萌发率（Pauw& Remphrey, 1993; 邓莲等, 2012; 陈之林等, 2004），这可能是由于种子成熟过程中酚类、脱落酸等抑制物质的积累，也可能是由于胚的生理休眠被诱发或胚的抗渗性增长导致种子的萌发率下降（Yamazaki & Miyoshi, 2006）。在对*Cephalanthera falcate*的研究中发现，授粉后50～90天收获的种子，播种后20天开始萌发，一直持续到180～220天还有种子萌发，其中授粉后70天时收获的种子萌发率最高，但授粉后100～120天采收的种子则没有萌发（Yamazaki & Miyoshi, 2006）。附生兰种子的种皮一般比地生兰薄，亲水性强，萌发抑制物质少，易萌发，可在果荚接近成熟时采收；而地生兰种皮相对致密、疏水性强、抑制物质较多，一般倾向于在果荚8、9分成熟时采收，此时种皮发育尚未达到致密程度，抑制物质较少或尚未产生，有利于萌发。果实采收的基本原则是在种子成熟或接近成熟但果荚尚未裂开时进行，此时果荚通常变软，由绿色变为黄褐色，种子则为粉尘状。

种子播种前需进行消毒或预处理。对于未开裂的蒴果，只需要对果荚表面消毒，操作简单且对种子无损伤，一般用75%酒精和0.1%升汞先后进行消毒，用无菌水冲洗，再用无菌滤纸吸干水分，在无菌条件下纵向剖开果皮，取出种子即可用于播种。果荚也可用次氯酸钠、次氯酸钙等溶液浸泡，或用酒精表面灼烧进行消毒。若采集的蒴果已经裂开，种子已暴露于空气中，则需要对种子进行直接消毒，常用次氯酸钠或过氧化氢溶液对种子进行浸泡消毒。次氯酸钠一般采用1%有效氯离子浓度，种子浸泡时间视暴露受污染程度不同可在5～30分钟间灵活变化；过氧化氢溶液宜采用3%浓度，浸泡15～20分钟，需要注意的是种子在过氧化氢溶液中可能不能完全浸没，可滴入数滴浓酒精，对于疏水性强的种子，可在浸泡时滴入几滴吐温溶液（Waes & Debergh, 1986）。

对于一些难以萌发的种类，播种前对种子进行适当的预处理可能会在一定程度上消除抑制种子萌发的因素，提高种子萌发率。常见的预处理方法有：**低温处理**，以打破种子休眠（Pauw & Remphrey, 1993），例如对*Cypripedium reginaea*种子进行至少2个月的低温处理对萌发是必要的（Ballard, 1987）；**化学溶液浸泡处理**，例如用0.1mol/L的NaOH处理兰属一些种类的种子10～30分钟，萌发率可提高10倍以上（段金玉和谢亚红, 1982），例如用0.5%次氯酸钠溶液处理黄花杓兰*Cypripedium flavum*种子10分钟，萌发率比对照提高15%（黄家林和胡红, 2001）；**物理方法处理**，包括用剪刀剪破种皮、用超声波处理种子以及用磁性棒搅动泡在无菌水中的种子等（Arditti and Ghani, 2000；徐程等, 2002），例如剪破建兰*Cymbidium ensifolium*、蕙兰*C. faberi*种皮后萌发率显著提高（段金玉和谢亚红, 1982）。

播种时应将种子均匀撒播于培养基表面，以种子能接触培养基为宜，避免将种子埋入培养基。种子的播种密度需适宜，对于一些种来说，播种密度高，因萌发的种子释放促进萌发的物质，能提高整体萌发速度，显示出群体效应，但密度过高，种子在萌发形成原球茎后容易死亡，同时，在下一步转接到新的培养基时，分离

表4-4-1 部分西双版纳野生兰科植物开花期和果实成熟所需时间

种 名	花 期	果实成熟期	果实成熟所需时间
美花脆兰*Acampe joiceyana*	3～4月	次年3～4月	12～13个月
窄果脆兰*Acampe ochracea*	11～12月	次年4月	5～6个月
多花脆兰*Acampe rigida*	8～9月	第3年3月	约18个月
坛花兰*Acanthephippium sylhetense*	4～7月	次年4月	约12个月
扇唇指甲兰*Aerides flabellata*	5月	次年3月	约10个月
多花指甲兰*Aerides rosea*	6～7月	次年3～4月	约9个月
竹叶兰*Arundina graminifolia*	9～11月	12月～次年2月	约95天
赤唇石豆兰*Bulbophyllum affine*	5～7月	次年1～2月	8～9个月
三褶虾脊兰*Calanthe triplicata*	5～6月	10～11月	约5个月
美柱兰*Callostylis rigida*	5～6月	次年5月	约12个月
全唇叉柱兰*Cheirostylis takeoi*	3月	开花后约20天	约20天
反瓣叉柱兰*Cheirostylis thailandica*	2月	开花后约20天	约20天
禾叶贝母兰*Coelogyne viscosa*	12月～次年1月	第3年4月	16～17个月
纹瓣兰*Cymbidium aloifolium*	3～4月	次年4～5月	约13个月
硬叶兰*Cymbidium mannii*	1～3月	次年4～5月	约14个月
墨兰*Cymbidium sinense*	9月～次年3月	次年1～2月	3～4个月
兜唇石斛*Dendrobium cucullatum*	3～4月	次年3～4月	约12个月
叠鞘石斛*Dendrobium denneanum*	5月	11月	约6个月
鼓槌石斛*Dendrobium chrysotoxum*	3～5月	次年4月	约12个月
玫瑰石斛*Dendrobium crepidatum*	3～4月	次年3月	约12个月
景洪石斛*Dendrobium exile*	11月	次年5月	约6个月
流苏石斛*Dendrobium fimbriatum*	3～4月	11月	约8个月
报春石斛*Dendrobium polyanthum*	2～4月	次年2～4月	约12个月
具槽石斛*Dendrobium sulcatum*	5～6月	次年5月	约11个月
球花石斛*Dendrobium thyrsiflorum*	3～5月	次年3～5月	约12个月
大苞鞘石斛*Dendrobium wardianum*	3～4月	次年5月	约12～13个月
宽叶厚唇兰*Epigeneium amplum*	10月	次年8～9月	约10个月
虎舌兰*Epipogium roseum*	5月	开花后约10天	约10天
香花毛兰*Eria javanica*	6～8月	次年4～6月	约10个月
盆距兰*Gastrochilus calceolaris*	3～4月	12月	约9个月
滇南盆距兰*Gastrochilus platycalcaratus*	3月	次年3月	约12个月
勐海天麻*Gastrodia menghaiensis*	9～10月	授粉后约10天	约10天
地宝兰*Geodorum densiflorum*	6月	次年2月	8～9个月
湿唇兰*Hygrochilus parishii*	4～7月	次年3月	约10个月
长茎羊耳蒜*Liparis viridiflora*	9～12月	次年1～4月	约5个月
钗子股*Luisia morsei*	4～5月	次年3月	约11个月
长叶钗子股*Luisia zollingeri*	5月	次年5月	约12个月
广布芋兰*Nervilia aragoana*	5～7月	授粉后10～15天	10～15天
毛叶芋兰*Nervilia plicata*	5～7月	授粉后10～15天	10～15天
密花苹兰*Pinalia spicata*	7～10月	12月	约4个月
飘带兜兰*Paphiopedilum parishii*	6～7月	次年3月	约9个月
凤蝶兰*Papilionanthe teres*	4～5月	次年3月	约10个月
大花鹤顶兰*Phaius wallichii*	5～6月	11月	约6个月
紫花鹤顶兰*Phaius mishmensis*	10月～次年1月	次年1～4月	约3个月
鹤顶兰*Phaius tancarvilleae*	3～6月	8～9月	约5～6个月
尖囊蝴蝶兰*Phalaenopsis braceana*	5～6月	次年3月	约8个月
版纳蝴蝶兰*Phalaenopsis mannii*	3～4月	次年3～4月	约12个月
钻喙兰*Rhynchostylis retusa*	5～7月	次年1～4月	约9个月

种　名	花　期	果实成熟期	果实成熟所需时间
掌唇兰 *Staurochilus dawsonianus*	6月	次年3月	约9个月
肉药兰 *Stereosandra javanica*	6~7月	开花后10天	约10天
白柱万代兰 *Vanda brunnea*	1~3月	次年2~3月	约12个月
大花万代兰 *Vanda coerulea*	9~11月	第3年3月	16~17月
矮万代兰 *Vanda pumila*	3~4月	次年3~4月	约12个月

抱团的苗造成操作上的不便。若直接撒播种子不宜掌握播种量，可以将种子放入浓度为0.1%的无菌琼脂糖溶液中，将其混合成均匀的悬浮液，用移液枪吸取一定量的悬浮液进行播种，但此法只适用于那些种子亲水性强的物种。

很多种培养基都可以作为兰科植物种子非共生萌发的基本培养基，我们目前采用MS、1/2MS、KC、VW和B5作为基本培养基来进行不同种类兰科植物种子的萌发尝试。在对75种西双版纳野生兰科植物开展的种子非共生萌发实验中，成功萌发44种，MS或1/2MS作为基本培养基适合于大部分种类。培养基是影响种子萌发的重要因素之一，基本培养基的选择、不同植物激素的添加和浓度、糖浓度以及一些天然复合添加物均会对种子的萌发产生影响。细胞分裂素6-BA和生长素NAA的配比对种子的非共生萌发影响较大，NAA浓度在0.1~0.5mg/L之间能不同程度地促进种子萌发，高于0.5mg/L则不同程度地抑制种子萌发，过高浓度的6-BA则可抑制原球茎生长。

在培养基中添加一些天然复合物也可起到促进种子萌发和幼苗发育的作用。椰子汁通常用于种子萌发阶段，其含有氨基酸、激素和酶等多种有机物，一般添加150或200ml/L的椰子汁能显著提高种子萌发率。在杏黄兜兰 *Paphiopedilum armeniacum* 和硬叶兜兰 *P. micranthum* 种子的萌发实验中，添加200ml/L的椰子汁对种子萌发有较好的促进作用，但在后期成苗时会产生一胚多苗现象，部分苗生长不正常，这可能与椰子汁中富含类似于细胞分裂素如玉米素等有关。此外常用的添加物还有香蕉汁、水解酪蛋白、蛋白胨、酵母提取物等，它们对不同种类兰科植物在种子萌发、原球茎发育、幼苗生长等阶段的作用也不尽相同，需要

在实践中灵活应用。对于在培养过程中会产生酚类物质的种类，通常可添加活性炭，因其具有很强的吸附能力，能吸附分泌到培养基中的有害的或抑制性物质，对抑制褐变有明显作用（王红梅，2011）。

大多数兰科植物种子萌发的适宜培养温度为25℃左右，不同物种也不尽相同，地生兰或很多温带兰科植物的适宜萌发温度为20℃左右。物种不同，培养时的光照强度也需区别对待，一般附生兰在萌发时对光照不敏感，地生兰常需要暗培养，如先进行暗培养，再转入光照处理的春兰种子最快能在接受光照后35天萌发，而全黑暗或全光照处理的种子均不能萌发（王芬等，2013）。种子萌发后光照强度在2000 lx左右能促进生长分化，生根壮苗阶段可继续增加光强至2000~3000 lx，这样能使苗生长健壮。实际操作中，播种后一般在温度为（25±2）℃、光照强度为1200~2000 lx、每天光照10~12h的条件下进行培养。

3. 兰科植物种子的共生萌发

兰科植物种子的共生萌发，是在获得特定对兰科植物种子萌发有效真菌的情况下，在人工基质中播种种子并接种共生真菌，利用真菌共生来促进种子萌发和获得幼苗。从理论上说，共生萌发不仅能简化幼苗生产过程，大大降低生产成本，更重要的是能显著提高幼苗回归到自然环境中后的存活率和幼苗生长速度（Johnson *et al.*, 2007），并且，对于一些地生兰来说，种子只有通过与有效真菌的共生培养才能萌发（Hadley, 1982）。兰科植物种子共生萌发技术的应用，在珍稀濒危兰科植物的回归、药用兰科植物的仿生态栽培等方面都具有巨大的潜在价值。

获得对种子萌发有效的共生真菌是开展兰科植物种子共生萌发的关键。目前，

主要是从野生兰科植物成年植株的根中分离得到真菌（Rasmussen & Whigham, 1993; Masuhara & Katsuya, 1994; Currah et al., 1997; Zelmer & Currah, 1997; Brundrett et al., 2003; Stewart et al., 2003），但由于成年植株根中可能同时存在大量作用不明的内生真菌，这就使得对种子萌发有效的真菌的筛选和分离工作变得异常复杂而繁琐，分离得到的大部分真菌往往并不能够促进种子萌发（柯海丽等，2007）；同时，成年植株根中的真菌与种子萌发阶段的有效共生真菌是否相同目前仍不清楚（Zettler et al., 2005）。兰科植物共生真菌通常都是腐生真菌（Brundrett et al., 2003），其来源广泛，主要存在于土壤、枯枝落叶和生物残体中，也可能存在于附生兰的附主上和空气中。存在于兰科植株根中的共生真菌较易被观察或分离到，但要获得种子萌发阶段的有效共生真菌或存在于植株周围环境中的真菌则非常困难（柯海丽等，2007）。

Rasmussen & Whigham（1993）设计了种子袋的方法用于兰科植物种子原地共生萌发的研究，即用适合孔径的尼龙网布制作成袋子，将种子放入袋内并埋于兰科植物原生境中，一段时间后，取回种子袋，观察种子的萌发情况，并检测是否有真菌侵染种子。这种方法既可以保持种子不掉出袋子，便于检测种子的萌发情况，又可以使土壤或环境中的水、细菌和真菌等完全穿过袋子，和种子亲密接触。小小种子袋的发明和应用，解决了兰科植物种子萌发研究上的诸多困难，促进了种子生态学研究的发展。利用种子袋开展的原地共生萌发技术（in situ seed baiting technique），可以获得种子在其原生境中萌发形成的原球茎，进而从获得的原球茎中分离到种子萌发阶段的共生真菌。大量实践证明这是获得对兰科植物种子萌发有效的共生真菌的简便而又切实可行的方法（Rasmussen & Whigham, 1993; 1998; Batty et al., 2001; Dearnaley, 2007; 柯海丽等，2007）。在此基础上，人们还发展出了种子迁地共生萌发技术（ex situ seed baiting technique），即将兰科植物原生境内植株根部附近的土壤、树皮、枯枝落叶

等制作成培养基质，将种子播种其上，并在实验室条件下进行培养。这种方法克服了原地共生萌发中野外条件下的各种限制，一些学者利用该方法成功获得了一些兰科植物种子萌发阶段的有效真菌（Brundrett et al., 2003；盛春玲等，2012）。我们应用原地和迁地共生萌发技术，分别成功地获得了兜唇石斛和硬叶兰种子萌发阶段的有效共生真菌。本节以这2个研究实例来系统介绍兰科植物原地和迁地共生萌发技术及其应用。

（1）兜唇石斛种子的原地共生萌发

兜唇石斛 *Dendrobium cucullatum* 为西双版纳地区一种常见的石斛，花期3～4月，附生于海拔600～1500m的林中树干或岩石上。其茎秆是加工各类药用石斛产品——如石斛粉、石斛酒、石斛饮料等最主要的原料之一。

2010年3月，兜唇石斛开花期间，我们在中国科学院西双版纳热带植物园野生兰园内对兜唇石斛的开花植株进行人工异交授粉；授粉后约220天，于2010年10月，采集已明显变软但尚未开裂的成熟果荚。用脱脂棉蘸取75%的医用酒精擦拭蒴果表面消毒，再用无菌蒸馏水冲洗两次。用无菌刀片小心地沿蒴果的纵向剖开，轻轻拍打果皮，收集到成熟的种子。在对种子进行活力检测和记录后，可将种子用无菌的滤纸包好，在4℃的条件下储存于密闭容器内进行短期保存，待用；其余种子进行长期保存（方法见59页）。

种子袋用孔径为45μm的尼龙网布制作。将尼龙网布裁剪为4cm×6cm的方块，在灭菌后的每片尼龙网布上均匀播撒80～100粒种子，将尼龙布对折，用热封机将三边封好，在边缘处将标记牌缝上，做好标记，以便于观察和回收记录，这样就制作好了一个种子袋（图4-4-7）。需要注意的是封口时要尽量小心，避免热封机伤害种子。附生兰用以上方法即可，地生兰可将种子袋固定在一个硬质的幻灯片夹内，以便于将种子袋插入土壤中。

种子袋的放置点一般选择有该种兰科植物成年植株生长的地点。本研究中选取了3个不同地点共7个放置点（表4-4-2），其中，在中国科学院西双版纳热带植物园

（简称植物园）内的2个放置点，兜唇石斛都为在树干上自然生长的成年植株；野生兰园位于植物园内的一个半原始的热带雨林区域，野生兰园2个放置点内的兜唇石斛为从野外移植的成年植株，已经生长多年，生长状况良好，能正常开花结果；西双版纳热带雨林国家公园绿石林景区（简称绿石林）为西双版纳傣族自治州国家级自然保护区勐仑片区的一部分，其中的3个放置点的兜唇石斛都是自然生长的成年植株。

我们于2010年10月28日，将制作好的种子袋放置在靠近成年植株根部附近的树干上，用尼龙线固定，在种子袋上面覆盖一层苔藓，以起到保湿的作用。放置时尽量靠近成年植株根部，并使种子袋呈水平状态，避免种子在重力作用下聚集成团。种子袋放置2个月后，每两个月从各放置点回收1～2个种子袋，检查种子袋内种子的萌发情况。用自来水轻轻冲洗掉种子袋上的附着物及泥土后，将种子袋放在两层吸水纸中间，轻轻按压使吸水纸吸干种子袋中多余的水分；用剪刀小心剪开种子袋，在解剖镜下观察，当发现有种子萌发并形

成原球茎时，即可回收所有的种子袋。在兜唇石斛种子袋野外放置约10个月后，我们于2011年8月20日回收所有的种子袋。在7个放置点中，从4个放置点的种子袋中获得了数量不等的原球茎和幼苗（表4-4-2；图4-4-8）。我们从其中3个放置点获得的原球茎中成功分离得到9株菌株，通过菌株形态和分子鉴定发现，所获得的9株真菌是两种真菌，即一种胶膜菌属*Tulasenlla*（编号FDaI7）和一种木霉属*Trichoderma*（编号FDaI2）真菌。通过和种子的共生萌发实验，证明FDaI7菌株能有效地促进兜唇石斛种子萌发、原球茎发育以及幼苗的初期生长（盛春玲，2012）。

利用种子原地共生萌发技术获得原球茎，再从原球茎中分离对种子萌发有效的共生真菌，避免了以往从成年植株菌根中分离真菌的诸多问题。在以上研究中，我们从兜唇石斛的原球茎中只分离到2种内生真菌；后续的共生萌发实验证明其中一种真菌是兜唇石斛种子萌发阶段的有效真菌，说明原地共生萌发是简便、有效地获得对兰科植物种子萌发有效共生真菌的方法。

图4-4-7
种子袋制作和放置示意图

图4-4-8
兜唇石斛种子原地共生萌发形成的原球茎和幼苗
A 种子袋中的原球茎和幼苗
B 在显微镜下的原球茎和幼苗

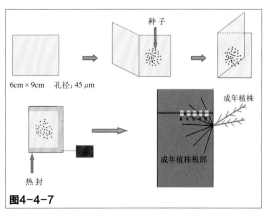

图4-4-7

图4-4-8A

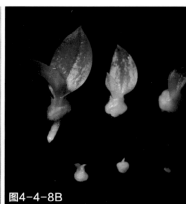

图4-4-8B

表4-4-2 兜唇石斛种子袋放置情况及10个月后种子袋回收后种子萌发情况

编号	放置点	成年植株生长情况	放置的种子袋数量	回收的种子袋数量	有原球茎的种子袋数	原球茎或幼苗总数
DAI1	绿石林1	自然生长植株	30	25	0	0
DAI2	绿石林2	自然生长植株	30	24	4	30
DAI3	绿石林3	自然生长植株	30	24	0	0
DAI4	野生兰园1	人工移植植株	30	23	2	6
DAI5	野生兰园2	人工移植植株	30	25	3	6
DAI6	植物园1	自然生长植株	30	28	2	13
DAI7	植物园2	自然生长植株	30	12	0	0

（2）硬叶兰种子的迁地共生萌发及有效共生真菌的分离和鉴定

种子迁地共生萌发是在原地共生萌发基础上发展起来的，其原理是在兰科植物的原生境中，收集成年植株周围的土壤、树皮、枯枝落叶、腐殖质等作为种子萌发的基质，在实验室条件下进行种子的萌发和原球茎的诱导。迁地共生萌发可以人为控制种子萌发所需要的温度、湿度、光照等条件，不受野外气候条件限制，可随时进行实验操作，同时便于观察种子的萌发过程和监测种子的萌发情况（Brundrett *et al.*，2003）。我们对西双版纳石灰山森林中广泛分布的硬叶兰 *Cymbidium mannii* 开展了种子迁地共生萌发研究，诱导种子成功萌发，并获得了原球茎；通过把从原球茎中分离得到的共生真菌和种子在人工培养基上进行共生萌发实验，筛选出了对硬叶兰种子萌发有效的共生真菌，为开展硬叶兰的野外回归奠定了基础，也为相关研究提供了理论依据和技术参考（盛春玲等，2012）。

硬叶兰为兰属附生兰，广泛分布于东南亚热带、亚热带地区和我国南方各省，在西双版纳地区，附生于海拔600～1600m的林中树干上，花期3～4月，果实于翌年的4～5月成熟。我们于2010年3月对栽培于野生兰园的硬叶兰进行人工异交授粉，约390天后，于2011年4月采集成熟但尚未开裂的蒴果，获得果荚内无菌种子用于实验。收集硬叶兰成年植株根部20cm范围内的树皮、苔藓、枯枝落叶、腐殖质等，在阴凉处自然风干后，放入搅碎机加无菌蒸馏水搅碎，作为种子迁地共生萌发的培养基质。在6个直径为9cm的培养皿中分别装入容积一半的基质，其上覆盖一片孔径为45μm、直径为9cm的无菌圆形尼龙网布。滤除基质中多余的水分，但保持其水分达到饱和状态。将用于萌发的无菌种子和1g/L无菌琼脂溶液加入有盖无菌玻璃瓶中充分摇匀，制作成种子悬浮液，用移液枪吸取定量的种子悬浮液（约含90粒种子）均匀播撒在1cm×1cm孔径为45μm的无菌尼龙网布上。把播种好的尼龙网布方片放置到已经准备好的培养皿中的尼龙网布上，每培养皿放10个小方块尼龙网布。

把播种好的培养皿放入人工气候箱内，恒温（25±2）℃、光照周期为12h/12h（光/暗）、光照强度为2000 lx的条件下进行培养。培养期间每周进行观察，确保培养基质湿润，并监测各培养皿中种子的萌发情况。在培养的6个培养皿中，2个培养皿在培养过程中受到大量杂菌污染不计入统计，其余4个培养皿在培养5周后陆续观察到有种子萌发和原球茎形成。在培养133天时，4个培养皿中均可观察到处于不同萌发阶段的种子、原球茎和幼苗（图4-4-9）。观察各培养皿中种子的萌发情况，参照Stewart等（2003）和Wang等（2011）的方法对种子萌发和原球茎发育情况进行分级描述（表4-4-3），记录每一阶段内种子、原球茎和幼苗的数量，计算种子萌发率（G）及各阶段的种子、原球茎或幼苗的比率（K）。此时，硬叶兰种子的总萌发率（G）为（49.81±19.09）%，其中，4个培养皿中达到阶段1～4的种子所占的比率分别为：K_1=（42.18±8.97）%，K_2=（5.34±2.66）%，K_3=（1.37±1.29）%，K_4=（0.92±0.69）%（盛春玲等，2012）。培养

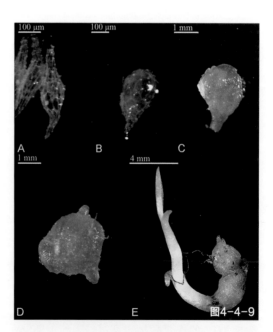

图4-4-9

图4-4-9
硬叶兰种子迁地共生萌发133天后，处于不同阶段的种子、原球茎和幼苗
A阶段0，未萌发的种子
B阶段1，种胚膨大，产生根状物(视为萌发)
C阶段2，种胚突破种皮，形成原球茎
D阶段3，原球茎膨大，出现原生分生组织
E阶段4，幼苗

表4-4-3　硬叶兰种子不同萌发阶段

萌发阶段	描　述
0	未萌发的种子
1	种胚膨大，产生根状物(视为萌发)
2	种胚继续膨大，突破种皮(形成原球茎)
3	出现原生分生组织(原球茎发育阶段)
4	长出第一片叶片及后续生长(幼苗发育初期)

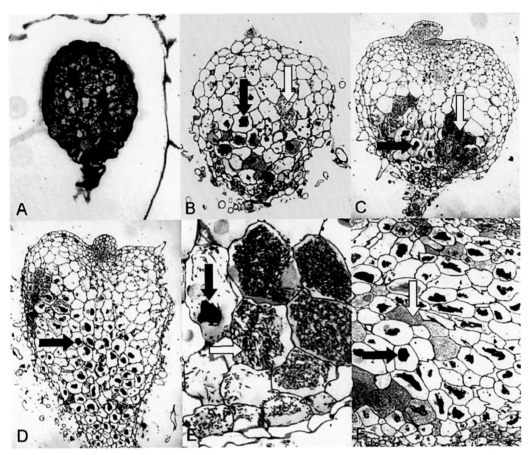

图4-4-10

硬叶兰种子及原球茎切片图

A 未萌发的种子，没有真菌侵染

B 种子萌发形成原球茎，菌丝团侵染原球茎基部

C 原球茎形成第一片突起物，菌丝团侵染原球茎基部

D 原球茎形成顶端原生分生组织，此时菌丝团较多

E 图C的局部放大图

F 图D的局部放大图

黑色箭头指示正在被消化的菌丝团，白色箭头指示松散的菌丝团

133天时，对未萌发种子和不同阶段的原球茎进行组织学切片观察，可以清楚地看到未萌发的种子并没有被真菌侵染，而不同阶段的原球茎被真菌侵染的程度不同：原球茎形成的初期，仅基部被菌丝团侵染，当原球茎形成顶端原生分生组织时，菌丝团较多，可以观察到原球茎中大量被消化的菌丝团（图4-4-10）。

当通过组织学切片染色实验观察到原球茎已被真菌侵染时，即可进行原球茎内生真菌的分离。采用马铃薯葡萄糖培养基（PDA；200g/L马铃薯+20g/L葡萄糖+12g/L琼脂，pH为自然）作为真菌诱导分离的培养基，灭菌后分装于直径为9cm的无菌培养皿中。将获得的原球茎用有效氯离子浓度为1%的次氯酸钠溶液进行表面灭菌5分钟后用无菌水清洗3～4次，在超净工作台上用无菌刀片将10个原球茎横切成两半，切口面贴于PDA培养基表面上；另一组3个原球茎灭菌后不切开直接置于PDA培养基上。用封口膜将培养皿封好，标记后放入人工气候箱内，（25±2）℃条件下黑暗培养（王娣等，2007）。原球茎在PDA培养基培

养7天后，未切开的3个原球茎周围没有长出菌丝，而切开的10个原球茎中有7个周围长出白色菌丝。从分别培养的7个原球茎分离的真菌，经过3～4次纯化培养，得到7个纯菌落，分别命名为FCb1～FCb7。7个菌株在PDA培养基于（25±2）℃黑暗培养12天后，观察到具有相同的菌株菌落形态及菌丝显微结构。接种到新的PDA培养基上10天左右菌丝可长满整个培养皿，菌落平，气生菌丝白色，平贴于培养基表面，无菌核，菌丝分支，有隔，生长迅速。采用PDA试管斜面法对得到的真菌于4℃进行保存（白毓谦等，1987）。

将从硬叶兰原球茎内分离到的7株菌株进行分子鉴定，将得到的ITS片段序列在美国国立生物技术信息中心数据库（NCBI，http:// www.ncbi.nlm.nih.gov/）中进行BLAST对比分析，结果发现其均与登录号为AJ313440.1的真菌（*Epulorhiza* sp.）最为相似，最大相似度为98%，E值为0。根据菌株形态及分子鉴定结果判定，从硬叶兰原球茎内分离到的真菌为同一种瘤菌根菌属*Epulorhiza*真菌（盛春玲等，2012）。

对获得的真菌再和硬叶兰的种子进行共生萌发实验，以检验其对种子萌发的有效性。采用燕麦琼脂培养基（OMA；4g/L燕麦+8g/L的琼脂，pH=5.8）作为真菌和种子共生萌发培养基。将保存的硬叶兰种子进行解冻和灭菌后，制作成无菌种子悬浮液。在OMA培养基表面平行放置两张1cm×4cm的无菌滤纸条，用移液枪吸取150µl种子悬浮液（约80粒种子）均匀播种在每张滤纸条上。在培养基中间接种约1cm×1cm×0.5cm、含有单一分离得到的真菌（编号为FCb4）的纯培养物的琼脂块，用封口膜将培养皿密封好。设置2组对照，一组接种从兜唇石斛原球茎内分离到的胶膜菌属真菌（编号为FDaI7），另一组不接菌。每组重复20个培养皿，在人工培养箱内（25±2）℃下恒温培养，每组各10个培养皿分别进行光照（12h/12h，光/暗）和黑暗（0h/24h，光/暗）培养。每周监测种子的萌发情况，记录种子萌发及形成原球茎的时间，当有培养皿中产生大量处于发育初期阶段的幼苗时将全部培养皿取出，按表4-4-3的分级标准统计并计算种子萌发率、原球茎形成的比率以及处于各萌发阶段的种子、原球茎或幼苗的比率。

在开展的3组种子萌发培养实验中，不接菌的对照组没有观察到达到阶段1的种子；2组接菌的处理中，在培养1周后，均观察到有种子明显膨胀，并产生根状物，达到阶段1，培养2周后，观察到有原球茎形成。在培养58天时对所有不同处理的培养皿开盖进行种子萌发率和萌发情况统计，其中接种FCb4菌株的实验组中共有6个培养皿中有杂菌污染，不计入统计结果。结果表明，不同真菌种类及光照条件

对种子萌发率均有显著影响。不接菌组在光照培养条件和黑暗培养条件下都没有种子萌发（表4-4-4），而两种接菌处理中，接种本研究分离到的FCb4菌株实验组在光照和黑暗培养条件下的种子萌发率分别为（73.64±16.25）%和（85.04±13.62）%，接种FDaI7菌株处理组中，光照和黑暗培养条件下的种子萌发率分别为（69.82±12）%和（75.20±17.37）%，均显著高于相同光照条件下未接菌对照组。光照条件对硬叶兰种子形成原球茎也有显著影响，不同真菌种类对原球茎的形成则没有显著影响。同时，2种接菌处理暗培养条件下，种子萌发形成原球茎后，表现出生长停滞的趋势，仅很少的原球茎继续生长达到幼苗阶段（阶段4）（表4-4-4）。接种FCb4菌株处理中，光照条件下种子生长到幼苗阶段的比例为（25.67±9.27）%，显著高于暗培养条件下的（0.35±0.35）%，也显著高于接种FDaI7菌株光照处理条件下的比例（3.04±2.27）%。说明只有菌株FCb4在光照条件下才能有效地促使硬叶兰种子生长发育到幼苗阶段（盛春玲等，2012）。

本研究中，从每个原球茎只分离到1种内生真菌，说明通过种子的迁地共生萌发获得原球茎，进而获得对种子萌发有效的共生真菌是简便有效的方法。在获得的真菌对种子萌发有效性检验实验中，接种FCb4菌株和FDaI7菌株的处理在培养58天时，都有很高的种子萌发率，且均显著高于未接菌对照组，说明2种真菌均能有效地促进硬叶兰种子萌发。在光照条件下，接种FCb4菌株的实验组内达到阶段3（原球茎发育阶段）和阶段4（幼苗阶段）的比率要高于接种FDaI7菌株实验组，且在阶段4达到显著差异，说明硬叶兰在原球

表4-4-4　硬叶兰种子不同处理58天时种子萌发率、形成原球茎的比率及处于不同阶段的已萌发种子、原球茎和幼苗的比率（平均值±标准误差）

处理	光照	重复	萌率(%)	原球茎比率(%)	各阶段萌发的种子、原球茎或幼苗数占播种数的比率(%)			
					阶段1	阶段2	阶段3	阶段4
FCb4菌株	12/12	7	73.64 ± 6.14	60.0 ± 12.08	13.63 ± 9.95	5.05 ± 4.05	29.30 ± 8.82	25.67 ± 9.27
	0/24	7	85.04 ± 5.15	83.89 ± 5.42	2.48 ± 1.06	17.7 ± 12.85	66.6 ± 13.05	0.35 ± 0.35
FDaI7菌株	12/12	10	69.82 ± 3.80	45.11 ± 8.74	24.47 ± 7.94	28.56 ± 7.35	13.51 ± 6.75	3.04 ± 2.27
	0/24	10	75.20 ± 5.49	66.13 ± 8.56	9.48 ± 6.43	13.38 ± 4.72	50.56 ± 8.88	2.42 ± 1.00
对照CK	12/12	10	0	0	0	0	0	0
	0/24	10	0	0	0	0	0	0

茎发育后期及幼苗发育初期阶段与共生真菌具有较强的专一性。一般来说，地生兰种子萌发阶段更倾向于黑暗条件（Godo et al., 2010），一些研究发现光照对一些地生兰种子的萌发有限制作用（Arditti et al., 1981; Ernst, 1982; Yamazaki & Miyoshi, 2006）；而附生兰通常在有光条件和黑暗条件下都可以萌发(Arditti, 1967; Arditti & Ernst, 1984)。在本研究中，2种接菌处理在暗培养条件下，硬叶兰种子萌发形成原球茎的比率要显著高于有光条件下的实验组，但种子萌发形成原球茎后，表现出生长停滞的趋势，仅有很少的原球茎继续生长达到幼苗阶段，同时，在接种FCb4菌株的处理中，光照条件下原球茎发育形成

幼苗（阶段4）的比率要显著高于黑暗条件。这些结果说明黑暗条件更有利于硬叶兰原球茎的形成，而在原球茎发育后期与幼苗发育阶段则需要光照。这与自然环境中硬叶兰的生活史一致：硬叶兰附生于林中的树干上，可能其种子在萌发阶段通常在所附生植物树皮裂缝或岩石缝隙中，当萌发形成原球茎后需要光照继续发育成为幼苗。

本研究利用种子迁地共生萌发技术成功地得到了硬叶兰的原球茎，并从中分离出了对硬叶兰种子萌发有效的共生真菌，为进一步开展硬叶兰种苗的繁育和野外回归奠定了基础，也为我国热带附生兰科植物的综合保护提供了新的思路和研究案例。

五　濒危兰科植物的野外回归

回归（再引种，reintroduction）指的是在一个物种出现濒危的现有分布区域或已经灭绝的历史分布区域内建立新种群的活动，包括增强（reinforcement/enhancement）和重建（restitution/re-establishment）两种类型。其中增强是为了增加该物种种群的个体数量，重建主要是在其历史分布区域重新建立该物种种群。植物的回归是基于迁地保护的基础上，通过人工繁殖把植物引入到其原来分布的自然或半自然的生境中，以建立具有足够的遗传资源来适应进化改变、可自然维持和更新的新种群（Maunder, 1992; Guerrant, 1996）。回归的最基本目的是对一个在全球或地区范围内濒危或灭绝的物种在其以前的自然生境或分布区域内重新建立野外可自行维持、自由扩散的种群，并能使人工的长期管理最小化（IUCN, 1998）。其目标包括提高物种在野外自然环境中长期生存的能力；在一个生态系统中重新建立一个关键物种；维持和恢复自然生物多样性；为国家及地方提供长期的经济利益；提高民众生物保护的意识等（IUCN, 1998）。从理论上说，通过回归完全有可能使濒危植物种群得到恢复，但实践上，植物的回归是一项高风险和高花费的项目工程，不同植物的回归也面临着各不相同的具体困难。图4-5-1简洁地说明了自然种群、植物繁殖材料在迁地条件下的储

藏、扩繁和在回归中的应用之间的关系。

回归成功与否是一个抽象模糊的概念。基于回归的目的和目标，生物学上，回归的成功集中关注于回归个体的成活、种群的建立和维持；而项目工程上的成功则是一个比较广的概念，包括回归方法、回归物种相关信息以及公众的态度等对政府保护政策所产生的影响等（Guerrant & Kaye, 2007）。Pavlik（1996）总结了回归成功的评价标准，概括起来有短期和长期两类。短期评价标准主要有以下三个方面：①物种能在回归地点顺利完成生活史；②能顺利繁衍后代并增加现有种群大小，同时种子产量和发育阶段分布类似于自然种群；③种子能够借助本地媒介(例如风、昆虫、鸟类等)得到扩散，从而在回归地点之外建立新的种群。长期评价标准包括四个方面：①适应本地多样性的小生境，能够充分利用本地传粉动物完成其繁殖过程，建立与其他物种种群的联系，在生态系统中发挥作用和功能；②能够得到最小的可育种群，并且可以维持下去；③建立的回归种群具有在自然和人为干扰的条件下自我恢复的能力；④在达到有效种群大小的前提下，建立的回归种群能够维持低的变异系数。

兰科植物作为植物保护中的"旗舰"类群，基于生态学、传粉生物学、繁殖技

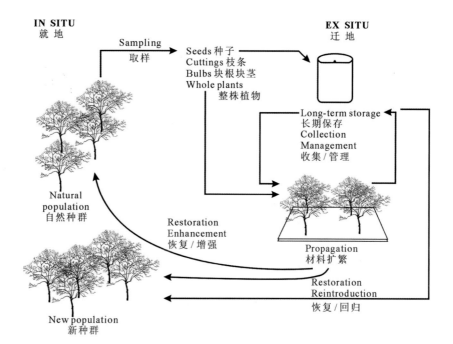

IN SITU
就 地

EX SITU
迁 地

Sampling
取样

Seeds 种子
Cuttings 枝条
Bulbs 块根块茎
Whole plants
整株植物

Long-term storage
长期保存
Collection
Management
收集/管理

Natural
population
自然种群

Restoration
Enhancement
恢复/增强

Propagation
材料扩繁

Restoration
Reintroduction
恢复/回归

New population
新种群

图4-5-1
自然种群、植物繁殖材料在迁地条件下的储藏、扩繁和在回归中的应用三者之间的关系示意图（Guerrant *et al.*, 2004, 有部分改动）

术、真菌相互关系和种群遗传多样性研究基础上开展的兰科植物回归，被认为是有效的兰科植物综合保护策略。对于那些由于过度采集而导致濒临灭绝的种类来说，回归也可能是最后和必要的保护策略。就世界范围来说，兰科植物的回归仍处于起步阶段，但一些成功的例子也为更大范围内开展兰科植物的回归提供了范例。如在英国开展的羊耳蒜属的 *Liparis loeselii*，杓兰 *Cypripedium calceolus*，倒距兰属的 *Anacamptis laxiflora* 和 *Dactylorhiza majalis* var. *praetermissa*（Ramsay & Dixon, 2003）；澳大利亚的 *Caladenia huegelii*，*Thelymitra manginiorum*，*Diuris fragantissima*（Ramsay & Dixon, 2003; Swarts *et al.*, 2007; Smith *et al.*, 2007）；新加坡的 *Grammatophyllum speciosum*（Wing & Thame, 2001）；印度的 *Ipsea malabarica* 和大花万代兰 *Vanda coerulea*（Seeni & Latha, 2000; Martin, 2003）。国内也陆续有一些珍稀濒危兰科植物回归方面的报道，其中对杏黄兜兰 *Paphiopedilum armeniacum* 的回归和相关研究已经取得了阶段性的成果（刘仲健等，2006），但更多的工作尚集中在前期种苗的繁殖和相关研究上。

兰科植物的回归面临着比其他植物更多的困难，除了需要综合考虑回归的生境、传粉者、共生真菌以及和其他动植物之间的相互关系外，回归材料的扩繁是首先需要解决的问题。利用茎尖等外植体通过组织培养技术大量繁殖种苗，在附生兰工业化生产中得到了长期的应用与发展（Samira *et al.*, 2009），但应用于兰科植物回归并不可行，主要原因是克隆植株不利于在自然环境中长期存活和建立新的种群，并且由于缺乏与真菌建立共生关系，导致后续生长发育过程受到阻碍。兰科植物果实中种子数量极多，存在较高的遗传变异，种子体积及重量极小，因此利用种子扩增繁殖兰科植物是非常有效的方法，对于地生兰而言更是如此（Fay & Krauss, 2003; Stewart & Kane, 2006, 2007b）。

由于兰科植物种子缺乏胚乳，种子萌发时需要外界提供营养，因此自然萌发率极低（Batty *et al.*, 2002）。但通过种子和真菌的非共生萌发或共生萌发技术可以解决这一问题。两种技术的主要区别是提供营养的途径不一样：前者依靠人工培养基提供营养，后者依赖真菌提供营养（Wright *et al.*, 2009）。非共生萌发技术的优点是种子萌发率较高，一般在95%以上（Huynh *et al.*, 2004），但幼苗移植到自然环境当中存活率较低，很难与真菌重新建立共生关系（Anderson, 1991; Oddie *et al.*, 1994），多数地生兰不适合用此种方法，但对于一些附生兰具有一定的实用性。共生萌发技术主要是在特定的基质中播种种子的同时接种共生真菌，这种方法的种子萌发率、幼苗生长速度及移植到自然环境中的存活率均要高于非共生萌发（Johnson *et al.*, 2007; Wright *et al.*, 2009），目前该技术已在地生兰的回归中得到广泛的应用。

植株大小对回归个体的存活率也有重要影响。在附生兰*Epidendrum nocturnum*的回归试验中，当植株长度小于7cm时，由于其不能忍受干燥的自然环境，存活率几乎为零，随着植株大小的增加，存活率也逐渐提高（Stewart, 2008）。同样，地生兰块茎越大，植株生长越健壮，抗逆境的能力越强，回归更容易取得成功（Smith *et al.*, 2007）。回归材料的释放时间也对个体存活率有一定的影响。处在生长期的材料比处在休眠期的材料存活率高（Smith *et al.*, 2007）。兰科植物的回归，需要在充分了解兰科植物与真菌的共生关系、传粉特征、现存种群的遗传结构、进化过程、原生境特征等基础上，制定行之有效的兰科植物回归计划（周翔和高江云，2011）。

在西双版纳，兰科植物野外回归的相关研究和实践都开展得较晚。2005年，针对野生金线兰被过度采集的情况，以开展自然林下人工栽培金线兰为目的，西双版纳药物研究所科技人员通过种子非共生萌发得到金线兰的幼苗，选择在一般林下和原来有野生金线兰生长的林下溪沟边进行种植对比试验。

结果发现在一般林下的金线兰的成活率较低，而在阴湿的溪沟边种植的金线兰则生长良好，7月份定植，当年11月初就出现了花蕾，但在11月底再次进行观察时却发现已经全部被盗采（余东莉等，2006）。

中国科学院西双版纳热带植物园"濒危植物迁地保护与再引种"研究组致力于开展以本地区濒危兰科植物回归为目的的兰科植物综合保护研究。自2009年以来，在开展本地区兰科植物系统野外调查、濒危等级评估、繁殖生态学研究、遗传多样性研究、种子收集和长期保存、种子共生萌发和非共生萌发的基础上，对一些种类开展了野外回归的研究。回归将综合考虑回归地点、小环境、附生植物种类、共生幼苗和非共生幼苗、回归时间、幼苗大小、回归种群遗传结构等因素对回归种群建立、自我维持和更新的影响。

第一批回归的种类选择了钻喙兰*Rhynchostylis retusa*和硬叶兰*Cymbidium mannii*两种在西双版纳地区分布较广和较常见的兰科植物，回归材料均为通过野外采集的果实无菌播种获得的幼苗。第一次回归于2012年9月21日、雨季的末期开展，回归的幼苗出瓶后已在苗圃炼苗约6个月。回归设计了2组不同大小幼苗的对照试验，每组各约60株（表4-5-1）。回归地点分别选择为西双版纳傣族自治州国家级自然保护区勐仑片区绿

表4-5-1　钻喙兰和硬叶兰不同大小苗在不同地点回归后约1个月和8个月后的观察统计情况

回归种类、回归地点及苗大小组别		钻喙兰				硬叶兰			
		绿石林		青石寨		绿石林		青石寨	
		大苗	小苗	大苗	小苗	大苗	小苗	大苗	小苗
回归苗数量和大小	回归株数	65	62	65	63	63	63	62	61
	平均叶数	6.6	6.0	6.3	5.6	6.3	4.7	6.4	4.5
	最大叶平均长度（mm）	71.9	36.3	71.3	35.4	153.9	87	160.2	79.5
	最大叶平均宽度（mm）	15.8	12.5	16.1	11.8	6.4	5.1	6.4	5.3
	平均株高（cm）	20.2	12.1	18.6	10.9	/	/	/	/
第1次观察和统计	存活率	100%	92%	94%	94%	83%	68%	89%	60%
	存活苗平均叶数	6.1	5.2	5.2	4.2	4.6	3.4	4.8	3.6
	存活苗长新根率	45%	35%	27%	39%	13%	31%	84%	35%
第2次观察和统计	存活率	80%	45%	43%	41%	51%	29%	26%	11.5%
	存活苗平均叶数	3.33	2.43	1.79	1.96	3.4	2.4	2.4	2.7
	存活苗最大叶平均长度（mm）	68.7	29.6	34	23.2	117.8	55.5	82.4	68.1
	存活苗平均新根数	0.7	0.8	1.0	1.3	1.4	0.9	1.4	1.0
	存活苗长新根率	63%	57%	68%	88%	91%	89%	94%	71%

备注：回归时间为2012年9月21日，第1次观察和统计时间为2012年10月17日，第2次观察和统计时间为2013年5月15日。

石林森林公园的石灰山热带雨林（绿石林）（21°41′N, 101°25′E；海拔580m）和勐腊县勐醒镇青石寨一处被橡胶林包围的极度片段化的石灰山热带雨林（青石寨）（21°48′N, 101°23′E；海拔1085m），两个回归地点相距约30km，植被组成相同，两种回归的兰科植物在区域内都有野生分布，回归都在石灰山山顶处开展，小生境极为相似。第2次回归于2013年5月中旬雨季开始时进行，在相同的2个地点分别回归钻喙兰和硬叶兰大小植株各60株。此后，将在不同季节分批开展回归，并进行长期的监测（图4-5-2）。

对第1次回归的幼苗，分别在定植约1个月（2012年10月17日）和8个月（2013年5月15日）后进行观察，统计幼苗成活率和记录生长情况。结果表明，2种兰科植物野外定植在经历了一个干季后，不同大小的苗和不同回归地点存活率显著不同。总体来看，钻喙兰存活率高于硬叶兰，大苗存活率高于小苗，绿石林的苗存活率高于青石寨的苗。其中，钻喙兰大苗组在绿石林

回归的存活率最高，达80%，硬叶兰小苗组在青石寨回归的存活率最低，只有11.5%；回归后，野外有蜗牛及昆虫等啃食幼苗，这也是2次观察统计存活的幼苗比回归初始幼苗叶少和叶小的主要原因（表4-5-1）。青石寨回归点2种兰科植物的存活率都相对较低，可能原因是周围大面积的橡胶林不利于干季雾的形成，导致幼苗干旱而死亡。已有的一些研究表明森林片段化可能对兰科植物成年开花植株的传粉和结果产生影响，从而影响到种群间的基因交流；而从目前获得的数据看，片段化也可能对兰科植物幼苗的建立和种群的更新产生影响，这还需要开展深入的长期研究。

通过本次初步的回归试验，在方法和技术上对附生兰科植物的回归有了较好的认识和掌握，在定植方法、回归地点选择、苗的大小、回归时间、回归后的管理等方面积累了经验，为即将陆续开展的不同种类濒危珍稀兰科植物的回归奠定了基础。

图4-5-2
兰科植物野外回归
A 野外回归情景
B 钻喙兰
C 硬叶兰

第5章

西双版纳的野生兰科植物

　　根据《Flora of China》中采用的兰科植物分类标准
（Chen *et al.*, 2009），目前记录到的西双版纳野生兰科植物
总数为115属428种，本章收录了其中的108属365种的图片，
对各属的主要特征，各个种在西双版纳地区的花期、海拔分布
范围、小生境等作了简单说明，并分别标注了每个种在《中国
物种红色名录》中的濒危状况等级和中国科学院西双版纳热带
植物园评估的濒危状况等级*。

*　方框为《中国物种红色名录》中的濒危状况等级（汪松和解炎, 2004）；
　椭圆为中国科学院西双版纳热带植物园评估的濒危状况等级，详见本书
　第4章。

美花脆兰

001 脆兰属
Acampe Lindley

　　附生兰，茎伸长，具多节，质地坚硬，节上具较粗壮的气根。叶近肉质或厚革质，二列。总状花序生于叶腋或与叶对生，直立或斜立，不分枝或有时具短分枝，具多数花；花质地厚而脆，不扭转（唇瓣在上方），花瓣比萼片小；唇瓣贴生于蕊柱足末端，不裂或近三裂，基部具囊状短距或无距；蕊柱粗短，花粉团蜡质，近球形，2个，每个劈裂为不等大的2爿，或4个，不等大的2个组成一对。

　　本属约10种，分布于东南亚和非洲热带地区。我国有4种，西双版纳产3种。

美花脆兰 极危CR
Acampe joiceyana (J.J.Smith) Seidenfaden
花期3～4月，附生于海拔约1500m的季风常绿阔叶林中树干上。

窄果脆兰 易危VU 极危CR
Acampe ochracea (Lindley) Hochreutiner
花期12月，附生于海拔700～1100m的林中树干上。

多花脆兰 近危NT 无危LC
Acampe rigida (Buchanan-Hamilton ex Smith) P. F. Hunt
花期8～9月，附生于海拔560～1600m的林中树干或岩石上

美花脆兰

窄果脆兰

多花脆兰

多花脆兰

002 坛花兰属
Acanthephippium Blume

地生兰，假鳞茎肉质，卵形或卵状圆柱形，顶生1～4枚叶。叶大，具折扇状脉。花葶侧生于近假鳞茎顶端，不分枝，远比叶短；总状花序具少数花；花大，稍肉质，不甚张开；萼片除上部外彼此联合成偏胀的坛状筒；侧萼片基部歪斜，较宽阔，与蕊柱足合生而形成宽大的萼囊；花瓣藏于萼筒内，较萼片狭；唇瓣具狭长的爪，以1个活动关节与蕊柱足末端连接，3裂。花粉团8个，蜡质，每4个为一群，其中2个较小。

本属约11种，分布于热带亚洲及太平洋岛屿。我国有3种，西双版纳产2种。

锥囊坛花兰
Acanthephippium striatum Lindley
花期4～7月，生于海拔1500m左右的潮湿密林下。

坛花兰
Acanthephippium sylhetense Lindley
花期4～7月，生于海拔600～800m的林下。

锥囊坛花兰

坛花兰

合萼兰

003 合萼兰属
Acriopsis Blume

附生兰，假鳞茎卵形或近卵球形，顶生2～3枚叶；叶狭长，禾叶状。总状花序或圆锥花序侧生于假鳞茎基部，疏生多数小花；两枚侧萼片完全合生成一枚合萼片，位于唇瓣正后方；中萼片与合萼片相似；唇瓣上半部3裂或不裂，通常呈直角而外折，上面具褶片；花粉团2个，具1个狭的粘盘柄和小的粘盘。

全属约6种，分布于热带亚洲至大洋洲。我国仅有1种，西双版纳有分布。

合萼兰 濒危EN 易危VU

Acriopsis indica Wight

花期3月，附生于海拔约1300m的壳斗科植物树干上。

合萼兰

扇唇指甲兰

扇唇指甲兰

004 指甲兰属
Aerides Loureiro

附生兰，具长而粗壮的根。茎粗壮，具多数节和宿存的叶鞘。叶数枚，狭长，稍肉质，先端2～3裂。总状花序或圆锥花序侧生于茎，具少数至多数花；花中等大，萼片和花瓣多少相似，侧萼片基部贴生或几乎不贴生于蕊柱足；花瓣较小；唇瓣基部具距，3裂，侧裂片直立，中裂片大或小，向前伸展；距狭圆锥形或角状，向前弯曲；花粉团蜡质，2个，近球形；粘盘柄狭长，粘盘较宽。

全属约20种，主要分布于东南亚国家。我国分布有5种，西双版纳产3种。

扇唇指甲兰 濒危EN 易危VU

Aerides flabellata Rolfe ex Downie
花期5月，附生于海拔550～1700m的林中树干上。

指甲兰 极危CR 极危CR

Aerides falcata Lindley & Paxton
花期5月，附生于海拔800～1750m的林中树干上。

指甲兰

多花指甲兰 极危CR 易危VU

Aerides rosea Loddiges ex Lindley & Paxton
花期6～7月，附生于海拔720～1530m的林中树干上。

多花指甲兰

005 禾叶兰属
Agrostophyllum Blume

附生兰，无假鳞茎。茎常丛生，纤细且多节，具多枚叶。叶二列，通常狭长圆形至线状披针形，质地较薄。花序顶生，近头状，常由多朵小花密集聚生而成；花通常较小，萼片与花瓣离生，花瓣较狭小；唇瓣常在中部缢缩并有1条横脊，形成前后唇；后唇基部凹陷成囊状，内常有胼胝体；花粉团8个，蜡质，通常有短的花粉团柄，共同附着在1个粘盘上。

全属约40～50种，分布于热带亚洲与大洋洲，仅1种向西到达非洲东南部的塞舌尔群岛。我国有2种，西双版纳产1种。

禾叶兰 近危NT 易危VU

Agrostophyllum callosum H.G. Reichenbach
花期6～7月，附生于海拔700～1900m的密林中树干上。

禾叶兰

禾叶兰

006 金线兰属
Anoectochilus Blume

地生兰，根状茎匍匐，具节，节上生根。茎直立，圆柱形。叶互生，部分种的叶片具脉网或脉纹。总状花序；萼片离生，背面通常被毛，中萼片凹陷，舟状，与花瓣黏合呈兜状；唇瓣前部多明显扩大成2裂，中部收狭为爪，其两侧多具流苏状细裂条或具锯齿；具长或短的花粉团柄，共同具1个黏盘。

全属约有30余种，分布于亚洲热带地区至大洋洲。我国有13种，其中8个特有种，西双版纳产4种。

真南金线兰 易危VU 濒危EN
Anoectochilus burmannicus Rolfe
花期9～12月，生于海拔1050～2150m的山坡或沟谷常绿阔叶林下阴湿处。

丽蕾金线兰 濒危EN
Anoectochilus lylei Rolfe ex Downie
花期2～3月，生于海拔700～900m的沟谷雨林下阴湿处。

金线兰一种 濒危EN
Anoectochilus sp.
花期10月，生于海拔约1000m的山地雨林下水沟边。有待定名，产西双版纳勐腊县。

滇南金线兰

金线兰一种

丽蕾金线兰

金线兰一种

金线兰

Anoectochilus roxburghii (Wallich) Lindley
花期8～12月，生于海拔550～1600m的常绿阔叶林下或沟谷阴湿处。

007 筒瓣兰属
Anthogonium Wallich ex Lindley

　　地生兰，假鳞茎扁球形，顶生少数叶。叶狭长，具折扇状脉。总状花序侧生于假鳞茎顶端，常不分枝，疏生数朵花；花不倒置，具细长的花梗；萼片下半部联合而成窄筒状，垂直于子房，上部分离，稍反卷；花瓣中部以下藏于萼筒内，上部稍反卷；唇瓣位于花的上方，基部具长爪，贴生于合蕊柱基部，上半部扩大并且3裂；花粉团4个，蜡质，近等大，每2个成一对，无花粉团柄和粘盘。

　　全属仅1种，分布于热带喜马拉雅经我国到缅甸、越南、老挝和泰国，西双版纳有分布。

筒瓣兰 近危NT 无危LC

Anthogonium gracile Lindley
花期8～10月，生于海拔1100～2300m的山坡草丛中或灌丛下。

筒瓣兰

$OO8$　无叶兰属
Aphyllorchis Blume

腐生兰，具缩短的根状茎和肉质伸展的根。茎直立，肉质，不分枝。总状花序顶生，疏生少数或多数花；花瓣与萼片相似或稍短小，质地较薄；唇瓣常可分为上下唇；花粉团2个，不具花粉团柄，亦无粘盘。

全属约30种，分布于亚洲热带地区至澳大利亚，我国有5种，西双版纳有2种。

尾萼无叶兰　濒危EN　无危LC
Aphyllorchis caudata Rolfe ex Downie
花期7～11月，生于海拔1200m的常绿阔叶林下。

无叶兰　易危VU　无危LC
Aphyllorchis montana H.G. Reichenbach
花期7～9月，生于海拔700～1500m的林下。

尾萼无叶兰

无叶兰

无叶兰

拟兰

剑叶拟兰

009 拟兰属
Apostasia Blume

地生兰，具根状茎。叶密集折扇状。花序顶生或生于上部叶腋，总状或具侧枝而呈圆锥状。花近辐射对称，黄色至白色；花粉不黏合成团块。

全属约有7种，产亚洲热带地区至澳大利亚。我国有3种，西双版纳产2种。

拟兰　易危VU　易危VU
Apostasia odorata Blume
花果期5～7月，生于海拔690～720m的沟谷雨林下。

剑叶拟兰　濒危EN　濒危EN
Apostasia wallichii R. Brown
花期8月，生于海拔1000m的热带雨林林下。

010 牛齿兰属
Appendicula Blume

附生兰，茎纤细，多节，多少压扁，有时分枝。叶多枚，扁平，二列互生，较紧密，常由于扭转而面向同一个方向。总状花序侧生或顶生，通常较短，有时缩短成貌似头状花序，具少数至多数花；花很小，中萼片离生，侧萼片基部宽阔且生于蕊柱足上，与唇瓣基部共同形成萼囊；花瓣通常略小于中萼片；唇瓣不裂或有时略3裂，生于蕊柱足末端，上面近基部处有1枚附属物；花粉团6个，蜡质，近棒状，每3个为一群，下部渐狭为花粉团柄。

全属约有60种，分布于亚洲热带地区至大洋洲，我国有4种，西双版纳产1种。

牛齿兰　近危NT　无危LC
Appendicula cornuta Blume
花期7～8月，果期9～10月，附生于海拔800～1200m的林中树干上或阴湿石壁上。

牛齿兰

窄唇蜘蛛兰

011 蜘蛛兰属
Arachnis Blume

附生兰，茎伸长，坚实而粗壮，分枝或不分枝，具多数二列的叶。叶扁平而狭长，先端浅2裂。花序侧生，通常比叶长；总状花序或圆锥花序具少数至多数花，花大或中等大，开展，肉质；萼片和花瓣相似，狭窄；侧萼片和花瓣常向下弯曲；唇瓣基部以1个活动关节着生于蕊柱足末端，3裂；侧裂片小，直立；中裂片较大，厚肉质，上面中央通常具1条龙骨状的脊；距短钝，圆锥形，常近末端稍向后弯曲；花粉团蜡质，4个，每2个成一对。

全属约13种，分布于东南亚和一些太平洋岛屿。我国仅有1种，西双版纳有分布。

窄唇蜘蛛兰
Arachnis labrosa (Lindley & Paxton) H.G. Reichenbach
花期8～9月，附生于海拔800～1200m的山地林缘树干或岩石上。

窄唇蜘蛛兰

012 竹叶兰属
Arundina Blume

地生兰，具粗壮的根状茎，茎直立，具多枚互生叶。叶二列，禾叶状，基部具关节和抱茎的鞘。花序顶生，具少数花，花大；萼片相似，侧萼片常靠合；花瓣明显宽于萼片；唇瓣贴生于合蕊柱基部，3裂，基部无距。花粉团8个，4个成簇，蜡质，具短的花粉团柄。

全属仅1种，形态变化较大，分布于热带亚洲。

竹叶兰
Arundina graminifolia (D. Don) Hochreutiner
花果期9～11月，生于海拔400～2800m的草坡、溪谷旁或灌丛中。

竹叶兰

圆柱叶鸟舌兰

圆柱叶鸟舌兰

鸟舌兰

013 鸟舌兰属
Ascocentrum Schlechter ex J.J. Smith

附生兰，具多数长而粗壮的气生根。叶二列，半圆柱形或扁平而在下半部常V字形对折。总状花序腋生，密生多数花；萼片和花瓣相似；唇瓣贴生于合蕊柱基部，3裂；距细长，下垂，有时稍向前弯；蕊喙短，2裂；花粉团蜡质，球形，2个。

全属约5种，分布于东南亚至热带喜马拉雅地区。我国分布有3种，西双版纳产

胼胝兰

014 胼胝兰属
Biermannia King &Panting

附生兰，茎短，几乎被叶鞘所围抱。叶片披针形，先端不等的2裂。总状花序侧生，数朵花，花较小，开放时间短；萼片和花瓣分开，侧萼片贴生于合蕊柱基部，花瓣短于萼片，唇瓣连接于蕊柱足基部，3裂，花粉块2个，蜡质，近球形，具粘盘和粘盘柄。

全属约9种，主要分布于东南亚热带地区，我国仅有1种，西双版纳有分布。

胼胝兰 濒危EN
Biermannia calcarata Averyanov
花期6～9月，附生于海拔800m左右的沟谷雨林树干上。

015 苞叶兰属
Brachycorythis Lindley

地生兰，肉质块茎椭圆形或近球形，茎直立，具多枚叶。叶互生，常密生呈覆瓦状。花序顶生，常具多数花；花粉团2个，粒粉质，具短的花粉团柄和大而裸露的粘盘。

全属约33种，分布于非洲和亚洲热带地区，主产于南非及马达加斯加。我国有3种，西双版纳产1种。

长叶包叶兰 濒危EN 濒危EN
Brachycorythis henryi (Schlechter) Summerhayes
花期8～9月，生于海拔700～1800m的林下或草坡。

长叶包叶兰

梳帽卷瓣兰

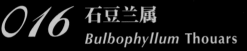

梳帽卷瓣兰　　　　　　赤唇石豆兰

赤唇石豆兰

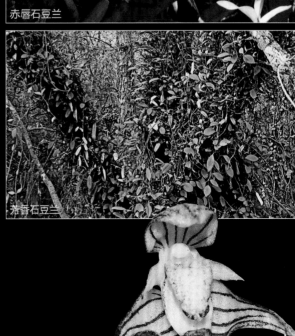

芳香石豆兰

016 石豆兰属
Bulbophyllum Thouars

　　附生兰，具匍匐根状茎，假鳞茎聚生或疏离，形状和大小变化很大，具1个节间。叶通常1枚，少有2～3枚，顶生。单花或许多花组成为总状或近伞状花序，侧生于假鳞茎基部或从根状茎的节上抽出；萼片近相等或侧萼片远比中萼片长，侧萼片离生或下侧边缘彼此黏合，或由于其基部扭转而使上下侧边缘彼此有不同程度的黏合，基部贴生于蕊柱足两侧而形成囊状的萼囊；花瓣比萼片小；唇瓣肉质，比花瓣小，向外下弯，基部与蕊柱足末端连接而形成活动或不动的关节，花粉团蜡质，4个成2对，无粘盘和粘盘柄。

　　兰科最大的属之一，约有1900种，广泛分布于全球热带和亚热带地区。我国有103种，33种为特有种，西双版纳产47种。

梳帽卷瓣兰 易危VU 无危LC
Bulbophyllum andersonii (J.D.Hooker) J. J. Smith
花期5～6月，附生于海拔600～2000m的林中树干或岩石上。

赤唇石豆兰 易危VU 无危LC
Bulbophyllum affine Lindley
花期5～7月，附生于海拔1000～1550m的林中树干上或沟谷岩石上。

芳香石豆兰 易危VU 无危LC
Bulbophyllum ambrosia (Hance) Schlechter
花期1～2月，附生于海拔600～1300m的石灰山森林树干或岩石上。

短耳石豆兰

线瓣石豆兰

直唇卷瓣兰

直唇卷瓣兰

短耳石豆兰 易危VU 无危LC

Bulbophyllum crassipes J.D. Hooker

花期4月，附生于海拔1150m左右的山地常绿阔叶林中树干上。

线瓣石豆兰 易危VU 极危CR

Bulbophyllum gymnopus J.D.Hooker

花期12月，附生于海拔1000m左右的林中树干上。

直唇卷瓣兰 近危NT 无危LC

Bulbophyllum delitescens Hance

花期4～11月，生于海拔约600～1000m的石灰山森林树干或岩石上。

尖角卷瓣兰 易危VU 无危LC

Bulbophyllum forrestii Seidenfaden

花期5～6月，附生于海拔1800～2000m的林中树干上。

尖角卷瓣兰

拟环唇石豆兰

拟环唇石豆兰 濒危EN
Bulbophyllum gyrochilum Seidenfaden
花期7~8月，附生于海拔1000~1700m的林中树干上。

落叶石豆兰 易危VU 易危VU
Bulbophyllum hirtum (Smith) Lindley
花期7~12月，附生于海拔850~1800m的林中树干上。

角萼卷瓣兰 易危VU 易危VU
Bulbophyllum helenae (Kuntze) J. J. Smith
花期8~10月，附生于海拔620~1800m的林中树干上。

落叶石豆兰

角萼卷瓣兰

角萼卷瓣兰

白花卷瓣兰

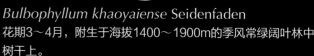

白花卷瓣兰 极危CR 无危LC

Bulbophyllum khaoyaiense Seidenfaden
花期3～4月，附生于海拔1400～1900m的季风常绿阔叶林中树干上。

短齿石豆兰 易危VU 濒危EN

Bulbophyllum griffithii (Lindley) H.G. Reichenbach
花期10～11月，附生于海拔1000～1700m的常绿阔叶林树干上或石壁上。

勐海石豆兰 极危CR 易危VU

Bulbophyllum menghaiense Z.H. Tsi
花期7月，附生于海拔约1500m的山地常绿阔叶林树干上，西双版纳特有种。

短齿石豆兰

勐海石豆兰

白花卷瓣兰

钩梗石豆兰

钩梗石豆兰

勐仑石豆兰

勐远石豆兰

钩梗石豆兰　易危VU　无危LC
Bulbophyllum nigrescens Rolfe
花期3～5月，生于海拔800～1700m的林中树干上。

勐仑石豆兰　极危CR　无危LC
Bulbophyllum menglunense Z. H. Tsi & Y. Z. Ma
花期1～3月，附生于海拔600～1200m的石灰山森林石壁或树干上。

勐远石豆兰　濒危EN
Bulbophyllum mengyuanensis Q. Liu & J.W. Li, sp. nov.
花期11月，附生于海拔1100m左右的石灰山森林树干上。

麦穗石豆兰 极危CR　无危LC
Bulbophyllum orientale Seidenfaden
花期6～9月，附生于海拔1200m左右的林中树干上。

小花石豆兰 无危LC
Bulbophyllum parviflorum C.S.P. Parish & H.G.
Reichenbach
花期12月至翌年1月，附生于海拔780m左右的沟谷雨林树
干上。

长足石豆兰 易危VU　易危VU
Bulbophyllum pectinatum Finet
花期4～7月，附生于海拔1000～2300m的林中树干或沟谷
岩石上。

密花石豆兰 近危NT　无危LC
Bulbophyllum odoratissimum (Smith) Lindley
花期4～8月，附生于海拔600～2300m的林中树干上或岩石上。

麦穗石豆兰

小花石豆兰

长足石豆兰

密花石豆兰

密花石豆兰

锥茎石豆兰

锥茎石豆兰

锥茎石豆兰 易危VU 无危LC

Bulbophyllum polyrrhizum Lindley

花期3月，附生于海拔 900～1400m的林中树干上。

版纳石豆兰 易危VU

Bulbophyllum protractum J.D. Hooker

花期7～8月，附生于海拔700～1200m的林中树干上。

曲萼石豆兰 易危VU 易危VU

Bulbophyllum pteroglossum Schlechter

花期10～11月，附生于海拔1400～1700m的林中树干上。

版纳石豆兰

曲萼石豆兰

版纳石豆兰

球花石豆兰

藓叶卷瓣兰

伏生石豆兰

球花石豆兰 极危CR 易危VU
Bulbophyllum repens Griffith
花期5月，附生于海拔700～1200m的石灰岩山地林中树干或岩石上。

藓叶卷瓣兰 近危NT 无危LC
Bulbophyllum retusiusculum H.G. Reichenbach
花期9～12月，附生于海拔700～2300m的林中树干或岩石上。

伏生石豆兰 近危NT 无危LC
Bulbophyllum reptans (Lindley) Lindley
花期1～12月，附生于海拔1000～2300m的林中树干或岩石上。

匙萼卷瓣兰

伞花石豆兰

匙萼卷瓣兰 易危VU 无危LC
Bulbophyllum spathulatum (Rolfe ex E.W. Cooper)
Seidenfaden
花期10月，附生于海拔860～1200m的林中树干上。

伞花石豆兰 易危VU 无危LC
Bulbophyllum shweliense W. W. Smith
花期5～6月，附生于海拔960～2100m的林中树干上。

少花石豆兰 极危CR 易危VU
Bulbophyllum secundum J. D. Hooker
花期1～3月，附生于海拔900～2300m的林中树干上。

少花石豆兰

二叶石豆兰 濒危EN 易危VU
Bulbophyllum shanicum King et Pantling
花期10月，附生于海拔约1800m的林中树干或岩石上。

聚株石豆兰 濒危EN 无危LC
Bulbophyllum sutepense (Rolfe ex Downie)
Seidenfaden & Smitinand
花期5月，附生于海拔1200～1600m的林中树干上。

少花石豆兰

二叶石豆兰

聚株石豆兰

带叶卷瓣兰

虎斑卷瓣兰

球茎石豆兰

伞花卷瓣兰

带叶卷瓣兰 易危VU 无危LC
Bulbophyllum taeniophyllum E.C. Parish & Reichenbach
花期6月，附生于海拔约800m的林中树干上。

虎斑卷瓣兰 无危LC
Bulbophyllum tigridum Hance
花期9月，附生于海拔900～1000m的林中树干上。

球茎石豆兰 易危VU 易危VU
Bulbophyllum triste H.G. Reichenbach
花期1～2月，附生于海拔800～1800m的林中树干上。

伞花卷瓣兰 近危NT 易危VU
Bulbophyllum umbellatum Lindley
花期4～6月，附生于海1000～2200m的林中树干上。

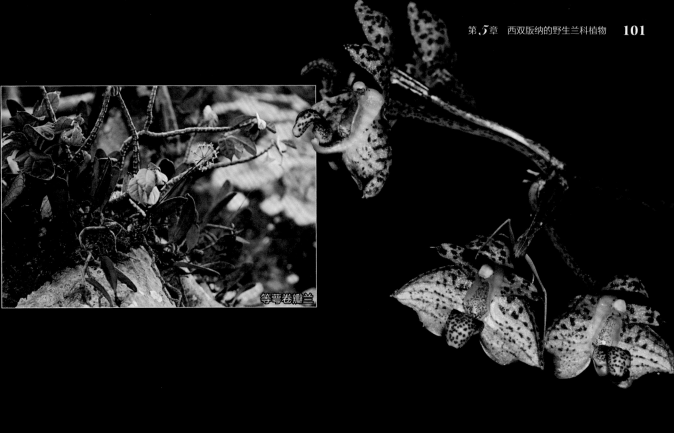

等萼卷瓣兰

等萼卷瓣兰 极危CR　濒危EN

Bulbophyllum violaceolabellum Seidenfaden
花期4月，附生于海拔约700m的石灰山森林树干上或石壁上。

直立卷瓣兰 濒危EN　易危VU

Bulbophyllum unciniferum Seidenfaden
花期3月，附生于海拔1150～1500m的林中树干上。

双叶卷瓣兰 易危VU　易危VU

Bulbophyllum wallichii (Lindley) H.G. Reichenbach
花期3～4月，附生于海拔1400～1900m的林中树干上。

直立卷瓣兰

双叶卷瓣兰

017 蜂腰兰属
Bulleyia Schlechter

附生兰，假鳞茎密集地生于粗短的根状茎上，顶端生2枚叶。花中等大，中萼片与花瓣多少合生；侧萼片斜歪，基部扩大，相互靠合而呈囊状；唇瓣近长圆形，中部略皱缩，基部扩大并凹陷，有距；花粉团4个，蜡质，基部黏合，无其他附属物。

本属仅1种，产不丹、印度和中国，西双版纳有分布。

蜂腰兰 濒危EN 易危VU
Bulleyia yunnanensis Schlechter
花期7～8月，果期10月，附生于海拔1300～2300m的林中树干或岩石上。

蜂腰兰

泽泻虾脊兰

泽泻虾脊兰

018 虾脊兰属
Calanthe R. Brown

地生兰，根圆柱形；假鳞茎通常粗短，圆锥状。叶少数，常较大，花期通常尚未全部展开或少有全部展开的。花葶出自当年生由低出叶和叶鞘所形成的假茎上端的叶丛中，或侧生于茎的基部；总状花序具少数至多数花；花通常张开，小至中等大；萼片近相似，离生；花瓣比萼片小；唇瓣常比萼片大而短，基部与部分或全部蕊柱翅合生而形成长度不等的管；花粉团蜡质，8个，每4个为一群。

全属约150种，分布于亚洲热带和亚热带地区、热带非洲以及中美洲。我国分布有51种，21个特有种，西双版纳产5种。

泽泻虾脊兰 近危NT 濒危EN
Calanthe alismatifolia Lindley
花期6～7月，生于海拔800～1700m的常绿阔叶林下。

棒距虾脊兰 近危NT 濒危EN

Calanthe clavata Lindley

花期11～12月，生于海拔870～1700m的山地密林下或溪沟边。

葫芦茎虾脊兰 濒危EN 易危VU

Calanthe labrosa (H.G. Reichenbach) H.G. Reichenbach

花期11～12月，生于海拔800～1200m的石灰山林下岩石缝隙中。

三褶虾脊兰 近危NT 无危LC

Calanthe triplicata (Willemet) Ames

花期4～5月，生于海拔1000～1200m的常绿阔叶林下。

棒距虾脊兰

葫芦茎虾脊兰

三褶虾脊兰

美柱兰

019 美柱兰属
Callostylis Blume

　　附生兰，根状茎延长，假鳞茎生于根状茎上，相距较远，梭状至圆筒状。叶2~5枚，生于假鳞茎顶端或近顶端处。总状花序顶生或在茎上部侧生，通常2~4个，具数十余朵花；花中等大，萼片与花瓣离生，两面均被毛，花瓣略小于萼片；唇瓣基部以活动关节连接于蕊柱足，不裂，唇盘上有1个垫状凸起，花粉团8个，每4个成一群，蜡质，无明显的花粉团柄与粘盘。

　　全属5~6种，分布于东南亚至喜马拉雅地区。我国有2种，西双版纳都有分布。

美柱兰 易危VU 无危LC
Callostylis rigida Blume
花期5~6月，附生于海拔760~1700m的林中树干上。

竹叶美柱兰 濒危EN 易危VU
Callostylis bambusifolia (Lindley) S.C. Chen & J.J.Wood
花期12月，附生于海拔950~1200m的石灰山森林树干或石壁上。

竹叶美柱兰

O20 黄兰属
Cephalantheropsis Guillaumin

地生兰，茎丛生，直立，圆柱形，具多数节。叶互生，具折扇状脉。花序1～3个，侧生于茎中部以下的节上，具多数花；花中等大；唇瓣贴生于合蕊柱基部，与合蕊柱完全分离，基部浅囊状或凹陷，无距；花粉团8个，蜡质，每4个为一群，共同附着于1个盾状的粘盘上。

全属约5种，主要分布于日本、中国至东南亚各国。我国有3种，西双版纳产1种。

黄兰 易危VU 濒危EN
Cephalantheropsis obcordata (Lindley) Ormerod
花期9～12月，生于海拔650～1400m的密林下。

叉枝牛角兰　　　　　　叉枝牛角兰

O21 牛角兰属
Ceratostylis Blume

附生兰，无假鳞茎，茎丛生，较纤细。叶1枚，生于茎或分枝顶端，基部有关节。花序顶生，常数朵花簇生；花较小，侧萼片贴生于蕊柱足上并多少延伸而形成不同形状的萼囊，包围唇瓣下部；花瓣通常比萼片小；唇瓣生于蕊柱足末端，基部变狭并多少弯曲，无距；花粉团8个，每4个为一群，蜡质。

全属约100种，主要分布于东南亚地区。我国有4种，1个特有种，西双版纳产2种。

叉枝牛角兰 易危VU 无危LC
Ceratostylis himalaica J.D. Hooker
花期4～6月，附生于海拔900～1700m的林中树上或岩石上。

泰国牛角兰 无危LC
Ceratostylis siamensis Rolfe ex Downie
花期11～12月，附生于海拔1300～1500m的山地常绿阔叶林树干上。

泰国牛角兰

022 叉柱兰属
Cheirostylis Blume

地生或半附生兰，根状茎具节，匍匐或斜向生长，肉质，呈莲藕状或毛虫状。茎直立，常较短，下部互生2～5枚叶，叶片卵形或心形，具柄。总状花序顶生，具2至数朵花；花较小；萼片膜质，在中部或中部以上合生成筒状；花瓣与中萼片贴生；唇瓣直立，基部通常扩大呈囊状，边缘具流苏状裂条或锯齿或全缘；花粉团2个，每个纵裂为2，粒粉质，具短或长的花粉团柄，共同具1个粘盘。

　　全属约50种，分布于非洲和亚洲热带地区及太平洋岛屿。我国有17种，8个特有种，西双版纳产5种。

短距叉柱兰

短距叉柱兰 濒危EN
Cheirostylis calcarata X.H. Jin & S.C. Chen
花期3月，生于海拔1200m的石灰山森林中。

细小叉柱兰 濒危EN
Cheirostylis pusilla Lindley
花期10月，附生于海拔1300m的林下树干或石壁上。

全唇叉柱兰 易危VU 易危VU
Cheirostylis takeoi (Hayata) Schlechter
花期3月，生于海拔600～1400m的山坡密林下或路旁坡地。

细小叉柱兰

全唇叉柱兰

云南叉柱兰

云南叉柱兰 近危NT 无危LC
Cheirostylis yunnanensis Rolfe
花期3～4月，生于海拔700～1100m山坡或沟旁林下阴处地上
或覆有土的岩石上。主要分布于越南，国内主要分布于南部至
西南诸省，西双版纳勐腊县有分布。

反瓣叉柱兰 濒危EN
Cheirostylis thailandica Seidenfaden
花期2～3月，生于海拔900～1500m的山坡密林下或路旁
坡地。

云南叉柱兰

反瓣叉柱兰

白花异型兰

023 异型兰属
Chiloschista Lindley

附生兰，无明显的茎，具多数长而扁的根，通常无叶或至少在花期无叶。花序细长，常下垂，具多数花；花小，开展；萼片和花瓣相似，侧萼片和花瓣均贴生在蕊柱足上；唇瓣3裂，基部以1个活动关节贴生在蕊柱足末端，具明显的萼囊；花粉团蜡质，2个，近球形。

全属约10种，分布于热带亚洲和大洋洲。我国有3种（均为特有种），西双版纳产2种。

白花异型兰 易危VU
Chiloschista exuperei (Guillaumin) Garay
花期6～7月，生于海拔1100～1200m的林中树干上。

异型兰 易危VU 无危LC
Chiloschista yunnanensis Schlechter
花期3～5月，生于海拔700～2000m的林中树干上。

白花异型兰

异型兰

金唇兰

024 金唇兰属
Chrysoglossum Blume

地生兰，具匍匐根状茎和圆柱状假鳞茎，叶1枚，较大，具长柄和折扇状脉。总状花序从根状茎上抽出，直立，较长，疏生多数花。侧萼片基部彼此不连接，贴生于蕊柱足而形成短的萼囊；花瓣近似于侧萼片而较狭，唇瓣以1个活动关节连接于蕊柱足末端，基部两侧具耳，具褶片；花粉团2个，蜡质，圆锥形。

全属约4种，分布于热带亚洲和太平洋岛屿。我国有2种，西双版纳产1种。

金唇兰 易危VU 无危LC
Chrysoglossum ornatum Blume
花期4～6月，生于海拔700～1700m的山地阔叶林下阴湿处。

025 隔距兰属
Cleisostoma Blume

附生兰，茎硬质。叶二列，扁平，半圆柱形或细圆柱形，先端锐尖或钝且不等侧2裂。总状花序或圆锥花序侧生，具多数花；花较小，萼片离生；花瓣通常比萼片小；唇瓣贴生于合蕊柱基部或蕊柱足上，基部具囊状的距；花粉团蜡质，4个，不等大的2个为一对，具形状多样的粘盘柄和粘盘。

全属约100种，分布于热带亚洲至大洋洲。我国有16种，4种特有，西双版纳产11种。

长叶隔距兰 易危VU 无危LC
Cleisostoma fuerstenbergianum Kraenzlin
花期5～6月，附生于海拔690～2000m的林中树干上。

长叶隔距兰

勐海隔距兰
Cleisostoma menghaiense Z.H.Tsi
花期7～10月，附生于海拔700～1150m的林缘树干上。

南贡隔距兰
Cleisostoma nangongense Z. H. Tsi
花期6月，附生于海拔1200～1700m的林中树干上。

大序隔距兰
Cleisostoma paniculatum (Ker Gawler) Garay
花期5～9月，附生于海拔640～1240m的林中树干或岩石上。

隔距兰
Cleisostoma linearilobatum (Seidenfaden & Smitinand) Garay
花期5～9月，附生于海拔980～1530m的林中树干。

勐海隔距兰

南贡隔距兰

大序隔距兰

隔距兰

大序隔距兰

隔距兰

大叶隔距兰

毛柱隔距兰

大叶隔距兰

尖喙隔距兰

尖喙隔距兰

大叶隔距兰 易危VU 易危VU

Cleisostoma racemiferum (Lindley) Garay
花期6月，附生于海拔1350～1800m的林中树干上。

尖喙隔距兰 近危NT 易危VU

Cleisostoma rostratum (Loddiges ex Lindley) Garay
花期7～8月，附生于海拔750～1500m的林中树干或岩石上。

毛柱隔距兰 易危VU 易危VU

Cleisostoma simondii (Gagnepain) Seidenfaden
花期9月，附生于海拔1100m的河岸疏林树干上。

红花隔距兰 近危NT 易危VU

Cleisostoma williamsonii (H.G. Reichenbach) Garay
花期4～6月，附生于海拔800～2000m的林中树干或岩石上。

红花隔距兰

红花隔距兰

云南贝母兰

髯毛贝母兰

流苏贝母兰

026　贝母兰属
Coelogyne Lindley

　　附生兰，根状茎常延长，通常具较密生的节，假鳞茎常较粗厚，顶生1～2枚叶。叶质地较厚，基部具柄。总状花序生于假鳞茎顶端，具数朵花，花较大，常白色或绿黄色；唇瓣多有斑纹；萼片相似，有时背面有龙骨状突起，花瓣常为线形，较少与萼片近等宽；唇瓣常以狭窄的基部着生于合蕊柱基部，唇盘上有2～5条纵褶片或脊；花粉团4个，成2对，蜡质，蕊喙较大。

　　全属约200种，分布于亚洲热带和亚热带及大洋洲。我国有31种，6个特有种，西双版纳产12种。

云南贝母兰 易危VU
Coelogyne assamica Linden & H.G. Reichenbach
花期11～12月，附生于海拔约1500m的山地常绿阔叶林树干上。

髯毛贝母兰 易危VU 易危VU
Coelogyne barbata Lindley ex Griffith
花期9～10月，附生于海拔1200～2300m的林中树干或岩壁上。

流苏贝母兰 近危NT 无危LC
Coelogyne fimbriata Lindley
花期8～11月，附生于海拔700～1200m的溪旁岩石上或林中树干上。

栗鳞贝母兰 易危VU 无危LC
Coelogyne flaccida Lindley
花期3月，附生于海拔1100～1600m的石灰山森林树干或石壁上。

栗鳞贝母兰

白花贝母兰

长鳞贝母兰

白花贝母兰 易危VU 易危VU
Coelogyne leucantha W.W. Smith
花期5～7月，附生于海拔1500～2200m的林中树干或岩石上。

长鳞贝母兰 易危VU 无危LC
Coelogyne ovalis Lindley
花期8～11月，附生于海拔900～2300m的林下阴湿处树干上或石壁上。

密茎贝母兰 易危VU 无危LC
Coelogyne nitida (Wallich ex D. Don) Lindley
花期3月，附生于海拔1500～1900m的林中树干上。

密茎贝母兰

黄绿贝母兰 易危VU 易危VU
Coelogyne prolifera Lindley
花期6月，附生于海拔1200～2000m的林中树干或岩石上。

挺茎贝母兰 濒危EN 易危VU
Coelogyne rigida E.C. Parish & H.G. Reichenbach
花期6月，附生于海拔700～800m石灰山森林中树干上。

撕裂贝母兰 易危VU 易危VU
Coelogyne sanderae O'Brien
花期3～4月，附生于海拔1000～2300m的林中树干或岩石上。

疏茎贝母兰 极危CR 易危VU
Coelogyne suaveolens (Lindley) J.D. Hooker
花期5月，附生于海拔600～970m的林下岩石上。

黄绿贝母兰

挺茎贝母兰

撕裂贝母兰

疏茎贝母兰

疏茎贝母兰

禾叶贝母兰 濒危EN 无危LC

Coelogyne viscosa H.G. Reichenbach

花期1月，附生于海拔700～1800m的石灰山森林石壁或树干上。

禾叶贝母兰

管花兰

027 管花兰属
Corymborkis Thouars

　　地生兰，茎较长，可达2～3m，不分枝。叶多枚，二列互生于茎上，常较大，折扇状。圆锥花序每1～4个生于叶腋，明显短于叶；花二列排列，通常绿白色至黄色，有香气；萼片与花瓣狭长，基部靠合，中萼片贴生于花瓣与合蕊柱上；花粉团2个，粒粉质，由许多可分的小团块组成。

　　全属共7种，广泛分布于全球热带地区。我国有1种，西双版纳有分布。

管花兰 近危NT 无危LC

Corymborkis veratrifolia (Reinwardt) Blume

花期6～7月，生于海拔700～1000m的沟谷密林下。

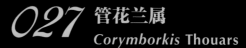

028 兰属
Cymbidium Swartz

附生、地生或腐生兰，通常具假鳞茎，假鳞茎卵球形、椭圆形或梭形。叶数枚至多枚，通常生于假鳞茎基部，二列，有关节。总状花序具数朵花，萼片与花瓣离生，多少相似；唇瓣3裂，基部有时与合蕊柱合生，唇盘上有2条纵褶片，通常从基部延伸到中裂片基部，花粉团2个，有深裂隙，或4个而形成不等大的2对，蜡质，以很短的弹性花粉团柄连接于近三角形的粘盘上。

全属约55种，主要分布于亚洲热带、亚热带地区及新几内亚岛和澳大利亚。我国有49种，19种为特有种，西双版纳产12种。

纹瓣兰

纹瓣兰 易危VU 无危LC
Cymbidium aloifolium (Linnaeus) Swartz
花期4～5月，附生于海拔700～1100m的疏林或灌木丛中树上或溪谷旁岩壁上。

建兰 易危VU 易危VU
Cymbidium ensifolium (Linnaeus) Swartz
花期6～10月，生于海拔600～1800m的疏林下或灌丛中。

建兰

长叶兰 易危VU 易危VU
Cymbidium erythraeum Lindley
花期10月至翌年1月，附生于海拔1400～2300m的林中树干或岩石上。

冬凤兰 濒危EN 易危VU
Cymbidium dayanum H.G. Reichenbach
花期8～12月，附生于海拔700～1600m的疏林中树干上或溪谷旁岩壁上。

长叶兰

冬凤兰

春兰

春兰 `易危VU` `易危VU`

Cymbidium goeringii (H.G. Reichenbach) H.G. Reichenbach

花期1～3月，生于海拔1000～2200m的多石山坡或林中透光处。

兔耳兰 `易危VU` `易危VU`

Cymbidium lancifolium Hooker

花期5～8月，生于海拔700～2100m的林下或溪谷旁的岩石上。

碧玉兰 `濒危EN` `易危VU`

Cymbidium lowianum (H.G. Reichenbach) H.G. Reichenbach

花期3～5月，附生于海拔1300～1900m的林中树干或岩石上。

硬叶兰 `易危VU` `无危LC`

Cymbidium mannii H.G. Reichenbach

花期3～4月，附生于海拔600～1600m的林中树干上。

兔耳兰

碧玉兰

硬叶兰

墨兰

墨兰 易危VU 易危VU

Cymbidium sinense (Jackson ex Andrews) Willdenow
花期10～翌年3月，生于海拔900～2000m的林下灌木林中或溪谷旁的阴湿处。

西藏虎头兰 易危VU 易危VU

Cymbidium tracyanum L.Castle
花期9～12月，附生于海拔1200～1900m的林中大树干上或溪谷旁岩石上。

墨兰

西藏虎头兰

029 鳔唇兰属
Cystorchis Blume

地生或腐生兰，根状茎圆锥状，肉质而分支。花序梗上散生数枚鞘状苞片，侧萼片分离，稍大于中萼片，与唇瓣紧贴。花瓣膜质，椭圆形至舌状披针形，有时具疣状毛；唇瓣具2～3裂的囊距；花粉团粉粒质，着生于一个三角形至长方形的粘盘上。

全属约22种，分布于中国及东南亚各国，我国仅无叶鳔唇兰1种，于2013年在海南岛首次发现报道，西双版纳也有分布。

无叶鳔唇兰 易危VU

Cystorchis aphylla Ridley
花期8～9月，生于海拔1200m的季风常绿阔叶林林下。

无叶鳔唇兰

030 石斛属
Dendrobium Swartz

附生兰，茎丛生，圆柱形或扁三棱形，肉质或质地较硬。叶互生，扁平，圆柱状或两侧压扁，先端不裂或2浅裂。总状花序或有时伞形花序，生于茎的中部以上的节上，具少数至多数花；萼片近相似，离生，侧萼片基部着生在蕊柱足上，与唇瓣基部共同形成萼囊；唇瓣着生于蕊柱足末端，3裂或不裂，有时具距；花粉团蜡质，卵形或长圆形，4个，离生，每2个为一对。

全属约1100种，广泛分布于亚洲热带和亚热带地区至大洋洲。我国有78种，14种为特有种，西双版纳产48种。

钩状石斛 濒危EN 易危VU
Dendrobium aduncum Wallich ex Lindley
花期5～6月，附生于海拔700～1000m的林中树干上。

矮石斛 濒危EN 无危LC
Dendrobium bellatulum Rolfe
花期4～6月，附生于海拔1250～2100m的林中树干上。

长苏石斛 濒危EN 无危LC
Dendrobium brymerianum H.G. Reichenbach
花期6～7月，附生于海拔1100～1900m的林缘树干上。

短棒石斛 濒危EN 无危LC
Dendrobium capillipes H.G. Reichenbach
花期3～5月，附生于海拔900～1450m的林中树干上。

钩状石斛

矮石斛

长苏石斛

短棒石斛

短棒石斛

束花石斛

束花石斛 濒危EN 无危LC

Dendrobium chrysanthum Wallich ex Lindley
花期9～10月，附生于海拔900～2300m的林中树干或岩石上。

翅萼石斛 濒危EN 无危LC

Dendrobium cariniferum H.G. Reichenbach
花期3～4月，附生于海拔1100～1700m的林中树干上。

杓唇扁石斛 濒危EN

Dendrobium chrysocrepis C.S.P Parish &H.G.
Reichenbach ex J.D. Hooker
花期5～6月，附生于海拔约1200m的石灰山森林树干上或石
壁上。

鼓槌石斛 濒危EN 无危LC

Dendrobium chrysotoxum Lindley
花期3～5月，附生于海拔650～1620m的林中树干或疏林下岩
石上。

翅萼石斛

鼓槌石斛

晶帽石斛

晶帽石斛 濒危EN 无危LC
Dendrobium crystallinum H.G. Reichenbach
花期5～7月，附生于海拔800～1700m的林中树干上。

玫瑰石斛 濒危EN 无危LC
Dendrobium crepidatum Lindley & Paxton
花期3～4月，附生于海拔1000～1800m的林中树干或岩石上。

玫瑰石斛

兜唇石斛 濒危EN 无危LC
Dendrobium cucullatum R. Brown
花期3～4月，附生于海拔600～1500m的林中树干或岩石上。

兜唇石斛

叠鞘石斛

黄花石斛

叠鞘石斛 濒危EN  濒危EN
Dendrobium denneanum Kerr
花期5～6月，附生于海拔600～2300m的林中树干上。

黄花石斛 濒危EN 濒危EN
Dendrobium dixanthum H.G.Reichenbach
花期7月，附生于海拔800～1200m的林中树干上。

齿瓣石斛 濒危EN 濒危EN
Dendrobium devonianum Paxton
花期4～5月，附生于海拔1100～1850m的林中树干上。

反瓣石斛 濒危EN 濒危EN
Dendrobium ellipsophyllum Tang & F. T. Wang
花期5～6月，附生于海拔1100m的林中树干上。

密花石斛 濒危EN  濒危EN
Dendrobium densiflorum Wallich
花期4～5月，附生于海拔720～1000m的林中树干或岩石上。

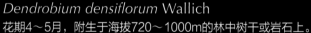
齿瓣石斛

反瓣石斛

密花石斛

齿瓣石斛

杯鞘石斛

流苏石斛

杯鞘石斛 濒危EN 易危VU
Dendrobium gratiosissimum H.G. Reichenbach
花期4～5月，附生于海拔800～1700m的林中树干上。

流苏石斛 濒危EN 易危VU
Dendrobium fimbriatum Hooker
花期4～6月，附生于海拔600～1700m的林中树干或岩石上。

串珠石斛 濒危EN 濒危EN
Dendrobium falconeri Hooker
花期5～6月，附生于海拔800～1900m的林中树干或岩石上。

苏瓣石斛 极危CR 易危VU
Dendrobium harveyanum H.G. Reichenbach
花期3～4月，附生于海拔1100～1700m的林中树干上。

景洪石斛 濒危EN 易危VU
Dendrobium exile Schlechter
花期10～11月，附生于海拔600～800m的林中树干上。

棒节石斛 极危CR 濒危EN
Dendrobium findlayanum E.C. Parish & H.G. Reichenbach
花期3月，附生于海拔800～1500m的林中树干上。

串珠石斛

苏瓣石斛

景洪石斛

棒节石斛

聚石斛

疏花石斛

聚石斛 易危VU 易危VU

Dendrobium lindleyi Steudel
花期4～5月，附生于海拔1000m的林中树干上。

疏花石斛 濒危EN 濒危EN

Dendrobium henryi Schlechter
花期6～9月，附生于海拔600～1700m的林中树干或岩石上。

小黄花石斛 易危VU 无危LC

Dendrobium jenkinsii Wallich ex Lindley
花期3～4月，附生于海拔700～1300m的林中树干上。

尖刀唇石斛 濒危EN 易危VU

Dendrobium heterocarpum Wallich ex Lindley
花期3～4月，附生于海拔1500～1750m的林中树干上。

小黄花石斛

尖刀唇石斛

尖刀唇石斛

杓唇石斛

喇叭唇石斛

勐海石斛

杓唇石斛

杓唇石斛 濒危EN 濒危EN
Dendrobium moschatum (Buchanan-Hamilton) Swartz
花期4～6月，附生于海拔达1300m的林中树干上。

喇叭唇石斛 濒危EN 濒危EN
Dendrobium lituiflorum Lindley
花期4～6月，附生于海拔800～1600m的山地阔叶林中树干上。

勐海石斛 濒危EN 易危VU
Dendrobium sinominutiflorum S. C. Chen, J.J.Wood & H.P. Wood
花期8～10月，附生于海拔1000～1400m的林中树干上。

美花石斛 濒危EN 易危VU
Dendrobium loddigesii Rolfe
花期4～5月，附生于海拔700～1500m的林中树干或岩石上。

美花石斛

石斛

石斛

报春石斛

肿节石斛

单葶草石斛

石斛 濒危EN 濒危EN
Dendrobium nobile Lindley
花期4～5月，附生于海拔780～1700m的林中树干或岩石上。

报春石斛 濒危EN 无危LC
Dendrobium polyanthum Wallich ex Lindley
花期3～4月，附生于海拔700～1800m的林中树干上。

肿节石斛 濒危EN 濒危EN
Dendrobium pendulum Roxburgh
花期3～4月，附生于海拔1050～1600m的林中树干上。

单葶草石斛 濒危EN 濒危EN
Dendrobium porphyrochilum Lindley
花期6～8月，附生于海拔1700～2300m的林中树干或岩石上。

竹枝石斛

剑叶石斛

竹枝石斛 濒危EN 濒危EN

Dendrobium salaccense (Blume) Lindley
花期4～5月和7～8月，附生于海拔650～1000m的石灰山森
林石壁或树干上。

剑叶石斛 濒危EN 易危VU

Dendrobium spatella H. G. Reichenbach, Hamburger
Garten- Blumenzeitung
花期6～9月，附生于海拔800～1500m的林缘树干或林下岩石上。

叉唇石斛 濒危EN 濒危EN

Dendrobium stuposum Lindley
花期6月，附生于海拔1000～1800m的林中树干上。

具槽石斛 极危CR 易危VU

Dendrobium sulcatum Lindley
花期6月，附生于海拔700～800m的林中树干或石壁上。

梳唇石斛 濒危EN 易危VU

Dendrobium strongylanthum H.G. Reichenbach
花期9～10月，附生于海拔1000～2100m的林中树干上。

叉唇石斛

具槽石斛

梳唇石斛

球花石斛 濒危EN 无危LC

Dendrobium thyrsiflorum H.G. Reichenbach ex André
花期3～5月，附生于海拔1100～1800m的林中树干上。

刀叶石斛 极危CR 濒危EN

Dendrobium terminale E.C. Parish & H.G. Reichenbach
花期9～11月，附生于海拔850～1080m的林中树干或岩石上。

翅梗石斛 濒危EN 无危LC

Dendrobium trigonopus H.G. Reichenbach
花期3～4月，附生于海拔1150～1700m的林中树干上。

紫婉石斛 濒危EN

Dendrobium transparens Wallich & Lindley
花期5～6月，附生于海拔约1200m的林中树干上。

大苞鞘石斛 濒危EN 易危VU

Dendrobium wardianum Warner
花期3～5月，附生于海拔1350～1900m的林中树干上。

球花石斛

刀叶石斛

刀叶石斛

翅梗石斛

紫婉石斛

大苞鞘石斛

031 拟锚柱兰属
Didymoplexiopsis Seidenfaden

腐生兰，根状茎念珠状，肉质，具少数根，茎直立，纤细，无绿叶。总状花序顶生，具多朵花；花小，白色或淡黄色，萼片和花瓣相似，中萼片与花瓣在基部黏合，侧萼片仅基部1/3处与蕊柱足黏合；唇瓣肉质，与蕊柱足以一个活动关节连接在一起，没有距，先端微凹，唇盘具不规则胼胝体。花粉团4个，成2对。

全属仅1种，分布于泰国、越南和中国。

拟锚柱兰 易危VU
Didymoplexiopsis khiriwongensis Seidenfaden
花期3月，生于海拔700～800m的湿润常绿阔叶林林下。

拟锚柱兰

032 无耳沼兰属
Dienia Lindley

地生兰，茎柱状，肉质，常匍匐。叶2至多枚，有褶皱。总状花序顶生，不分枝；花倒置或不倒置，中萼片伸长，分离；花瓣比萼片窄，分离；唇瓣与合蕊柱平行，基部有时凹陷，基部无耳，无距；花粉块4个，成2对，棒状，蜡质，无明显的花粉团柄和粘盘。和沼兰属的主要区别在于唇瓣基部无一对向合蕊柱两侧延生的耳。

全属约19种，分布于亚洲热带、亚热带地区及澳大利亚。我国有2种，西双版纳产1种。

无耳沼兰 近危NT 无危LC
Dienia ophrydis (J. Koening) Ormerod & Seidenfader
花期5～8月，生于海拔2000m以下的林下灌丛中或溪谷旁阴蔽处的岩石上。

无耳沼兰

无耳沼兰

美叶沼兰

美叶沼兰

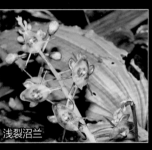

浅裂沼兰

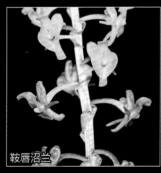

鞍唇沼兰

033 沼兰属
Crepidium Blume

地生兰，通常具多节的肉质茎或假鳞茎。叶通常2～8枚，较少1枚。总状花序通常直立顶生，数朵或数十朵花；花一般较小，萼片离生，相似或侧萼片较短而宽；花瓣一般丝状或线形，明显比萼片狭窄；唇瓣通常位于上方，不裂或2～3裂，有时先端具齿或流苏状齿，基部常有一对向合蕊柱两侧延伸的耳；花粉团4个，成2对，蜡质，无明显的花粉团柄和粘盘。

全属约有280种，广泛分布于全球热带与亚热带地区，少数种类也见于北温带。我国有17种，其中5个特有种，西双版纳产9种。

美叶沼兰 易危VU 无危LC
Crepidium calophyllum (H.G. Reichenbach) Szlachetko
花期6～7月，生于海拔800～1200m的常绿阔叶林下。

浅裂沼兰 近危NT 易危VU
Crepidium acuminatum (D. Don) Szlachetko
花期5～7月，生于海拔600～2100m的林下、溪谷旁或阴湿处的岩石上。

鞍唇沼兰 近危NT 无危LC
Crepidium matsudae (Yamamoto) Szlachetko
花期6～7月，生于海拔1000～1600m的石灰岩季节雨林下或竹林中。

细茎沼兰 易危VU 无危LC
Crepidium khasianum (J.D. Hooker) Szlachetko
花期7月，生于海拔1000～1100m的林下岩石缝隙中。

细茎沼兰

细茎沼兰

鞍唇沼兰

卵萼沼兰

齿唇沼兰

卵萼沼兰 易危VU 易危VU
Crepidium ovalisepalum (J.J. Smith) Szlachetko
花期6月，生于海拔约1600m的山坡阴处。

齿唇沼兰 濒危EN 易危VU
Crepidium orbiculare (W. W. Smith & Jeffr.) Seidenfaden
花期6月，生于海拔1000～1900m的林下。

深裂沼兰 近危NT 无危LC
Crepidium purpureum (Lindley) Szlachetko
花期6～7月，生于海拔550～1600m林下或灌丛中阴湿处。

深裂沼兰

深裂沼兰

034 蛇舌兰属
Diploprora J.D. Hooker

附生兰，茎短或细长，圆柱形或稍扁的圆柱形。叶扁平，狭卵形至镰刀状披针形，先端急尖或稍钝并且具2～3尖裂。总状花序侧生于茎，具少数花，花不扭转，中等大，开展；萼片相似，伸展，背面中肋呈龙骨状隆起；花瓣比萼片夹；唇瓣位于上方，肉质，舟形，中部以上强烈收狭，先端丘截形或收狭，并且为尾状2裂，上面纵贯1条龙骨状的脊，基部无距；花粉团蜡质，4个，近球形，每不等大的2个为一对，具粘盘柄和粘盘。

全属约2种，分布于东南亚各国，我国有1种，西双版纳有分布。

蛇舌兰 近危NT 易危VU
Diploprora championii (Lindley ex Bentham) J.D. Hooker
花期5～8月，附生于海拔750～1450m的林中树干或沟谷边岩石上。

蛇舌兰

蛇舌兰

蛇舌兰

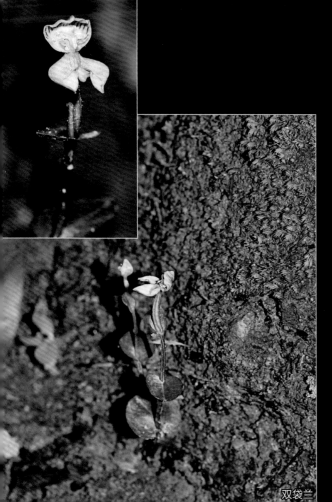

双袋兰

035 双袋兰属
Disperis Swartz

地生兰，具根状茎和块茎，根状茎常为茎的延续。茎纤细，直立，肉质，具少数叶。叶通常很小，卵形或近心形，基部无柄，抱茎。花单朵或2～3朵生于茎先端的叶腋；中萼片常直立，较狭窄，与宽阔的花瓣合生或靠合而呈盔状；侧萼片基部合生，中部向外凹陷成袋状或距状；唇瓣基部有爪，贴生于合蕊柱，上部常3裂；花粉团2个，粒粉质，由小团块组成，每个花粉块各具1个花粉团柄和粘盘，蕊喙较大，两侧各具1条臂状物。

全属约75种，主要分布于热带非洲。我国1种，西双版纳有分布。

双袋兰 易危VU 极危CR
Disperis neilgherrensis Wight
花期5～8月，附生于650～900m的山地阔叶林林下。

宽叶厚唇兰

景东厚唇兰

036 厚唇兰属
Epigeneium Gagnepain

附生兰，根状茎匍匐，质地坚硬，假鳞茎疏生或密生于根状茎上，顶生1～2枚叶。叶革质，椭圆形至卵形，先端急尖或钝而带微凹。花单生于假鳞茎顶端或总状花序具少数至多数花；萼片离生，相似，侧萼片基部歪斜，贴生于蕊柱足，与唇瓣形成明显的萼囊；花瓣与萼片等长，但较狭；唇瓣贴生于蕊柱足末端，中部缢缩而形成前后唇或3裂，侧裂片直立，中裂片伸展，唇盘上面常有纵褶片；花粉团蜡质，4个成2对，无粘盘和粘盘柄。

全属约35种，分布于亚洲热带地区，我国有11种，4种为特有种，西双版纳产3种。

宽叶厚唇兰　近危NT　无危LC
Epigeneium amplum (Lindley) Summerhayes
花期11月，附生于海拔1000～1900m的石灰山森林岩石或树干上。

景东厚唇兰　易危VU　易危VU
Epigeneium fuscescens (Griffith) Summerhayes
花期10～11月，附生于海拔1800～2100m的林中树干或岩石上。

037 虎舌兰属
Epipogium J.G. Gmelin ex Borkhausen

腐生兰，具珊瑚状根状茎或肉质块茎。总状花序数朵或多数花，花多少下垂，萼片与花瓣相似；唇瓣较宽阔，3裂或不裂，肉质，凹陷，基部具宽大的距；唇盘上有带疣状凸起的纵脊或褶片；花粉团2个，有裂隙，松散的粒粉质，由小团块组成，各具1个纤细的花粉团柄和个共同的粘盘。

全属仅3种，广泛分布于全球温带与热带地区，我国均有分布，西双版纳产1种。

虎舌兰　近危NT　无危LC
Epipogium roseum (D.Don) Lindley
花果期4～6月，生于海拔550～1600m的林下或沟谷边腐殖质丰富的阴湿处。

虎舌兰

葡茎毛兰

半柱毛兰

足茎毛兰

砚山毛兰

香花毛兰

𝒪𝟹𝟾 毛兰属
Eria Lindley

　　附生兰，具各种形状的假鳞茎，叶1至数枚，通常生于假鳞茎顶端或近顶端的节上。花序侧生或顶生，常排列成总状，被绒毛或无毛；花通常较小，少有较大并具鲜艳色彩；萼片背面与子房被茸毛或无毛，萼片离生，侧萼片多少与蕊柱足合生成萼囊；花瓣与中萼片相似或较小；唇瓣生于蕊柱足末端，具或不具关节，无距，常3裂，上面通常有纵脊或胼胝体；花粉团8个，每4个成一群，蜡质，具粘盘和粘盘柄。

　　《Flora of China》中的兰科植物分类标准，将以前的毛兰属分为10个不同的属（见本书第2部分），现在的毛兰属约15种，分布于亚洲热带至大洋洲。我国有7种，1个特有种，西双版纳产5种。

葡茎毛兰 易危VU 无危LC
Eria clausa King & Pantling
花期4～5月，附生于海拔1000～1700m的林中树干或岩石上。

半柱毛兰 近危NT 易危VU
Eria corneri H.G. Reichenbach
花期8～9月，附生于海拔700～1500m的林中树干或岩石上。

足茎毛兰 近危NT 易危VU
Eria coronaria (Lindley) H.G. Reichenbach
花期5～6月，附生于海拔1300～2000m的林中树干或岩石上。

砚山毛兰 濒危EN 濒危EN
Eria yanshanensis S.C. Chen
花期9～10月，附生于海拔1100m左右的密林树干上。

香花毛兰 濒危EN 易危VU
Eria javanica (Swartz) Blume
花期8～10月，附生于海拔600～1000m的林中树干或石壁上。

藓兰

039 藓兰属
Bryobium Lindley

附生兰，假鳞茎卵形至纺锤形。叶片1～3枚生于假鳞茎顶端。总状花序顶生，短于叶片，花较小，不完全打开，花梗和子房光滑或被软毛；萼片分离，侧萼片与蕊柱足连接形成明显的圆锥状囊；花瓣小于萼片，唇瓣反卷，3裂，侧裂片直立，中裂片全缘，基部胼胝体上具2～3条褶片；花粉团8个，棒状，每4个成一群，蜡质，具粘盘和粘盘柄。

全属约20种，分布于斯里兰卡、东南亚至新几内亚、澳大利亚东北部。我国有1种，西双版纳有分布。

藓兰 易危VU 无危LC
Bryobium pudicum (Ridley) Y.P. Ng & P.J. Cribb
花期6～7月，附生于海拔约1500m的林中树干上。

040 蛤兰属
Conchidium Griffith

附生兰，植株矮小，以垫子形状附着于树干上，假鳞茎饼状，被网格状膜质鞘。叶1～4片生于假鳞茎顶端。花序1个，生于假鳞茎顶端；花1至数朵，白色、淡绿色或黄色；中萼片先端急尖，侧萼片与蕊柱足连接形成明显的萼囊；唇瓣全缘或3裂，唇瓣上具爪或褶片；花粉块8个，压扁，卵圆形。

全属约10种，分布于东南亚各国，我国有4种，1个特有种，西双版纳产1种。

网鞘蛤兰 易危VU 无危LC
Conchidium muscicola (Lindley) Rauschert
花期7～8月，附生于海拔1500～2300m的林中树干或岩石上。

网鞘蛤兰

柱兰

041 柱兰属
Cylindrolobus Blume

　　附生兰，茎伸长，纤细，顶生3～5枚叶片。叶片长圆状披针形或卵状披针形，先端急尖。花序侧生于茎的节上或茎的顶端，通常1朵或少数几朵花；花苞螺旋状排列，具鲜艳的颜色；花通常白色或奶油色，有时候为橘黄色，花中等大小；中萼片常反折，侧萼片与蕊柱足合生成萼囊；花瓣小于萼片，唇瓣3裂，与蕊柱足连接，唇盘具乳突状胼胝体或褶片；花粉块8个，矩形。

　　全属约30种，广泛分布于东南亚各国。我国有3种，西双版纳产1种。

柱兰 濒危EN 无危LC
Cylindrolobus marginatus (Rolfe) S.C. Chen & J.J. Wood
花期2～4月或9～10月，附生于海拔1000～2000m的林缘树干上。

042 绒兰属
Dendrolirium Blume

　　附生兰，具假鳞茎，顶生少数叶片，叶片2列。花序侧生或近顶生，直立，具少数中等大小的花，花梗密布茸毛；花苞片为橘黄色，较为明显，花颜色通常为棕红色或黄绿色；萼片背面密被茸毛，侧萼片基部连接蕊柱足形成圆锥状萼囊；花瓣小于萼片，唇瓣3裂，中裂片基部具褶片或胼胝体；花粉块8个，大小相等，棒状。

　　全属约12种，广泛分布于东南亚各国。我国有3种，西双版纳均有分布。

绿花绒兰 无危LC
Dendrolirium lanigerum Seidenfaden
花期3～4月，附生于海拔1100m的石灰山森林树干上或石壁上。

白棉绒兰 易危VU 易危VU
Dendrolirium lasiopetalum (Willdenow) S.C. Chen & J.J. Wood
花期1～4月，附生于海拔1200～1700m的林中树干或岩石上。

绒兰 易危VU 易危VU
Dendrolirium tomentosum (J. Koenig) S.C. Chen & J.J. Wood
花期4～5月，附生于海拔600～1500m的林中树干或岩石上。

绿花绒兰

白棉绒兰

绒兰

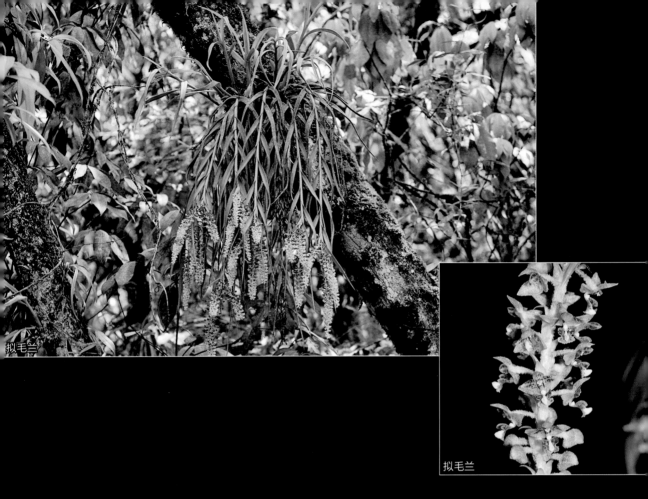

拟毛兰

拟毛兰

043 拟毛兰属
Mycaranthes Blume

    附生兰，茎纤细，圆柱状，具节间。叶互生于整个茎上，基部抱茎。花序近顶生或顶生，1个或者多个聚在一起，上面具密集的花；花螺旋排列，常奶油色或黄绿色，并有一些紫色小斑点；萼片和花瓣完全打开，花瓣小于萼片；唇瓣明显3裂，侧裂片直立，中裂片基部具有2裂的、粉末状的胼胝体；花粉块8个，大小一致，共同附着于粘盘柄上。

    全属约25种，广泛分布于东南亚各国。我国有2个种，西双版纳均有分布。

指叶拟毛兰

拟毛兰 易危VU 无危LC
Mycaranthes floribunda (D. Don) S.C. Chen & J.J. Wood
花期4～6月，附生于海拔800～1200m的林中树干或岩壁上。

指叶拟毛兰 近危NT 无危LC
Mycaranthes pannea (Lindley) S.C. Chen & J.J. Wood
花期4～5月，附生于海拔800～2200m的林中树干或岩壁上。

指叶拟毛兰

044 苹兰属
Pinalia Lindley

附生兰，茎聚集在一起，叶片生于茎的顶部，没有明显的叶柄。总状花序腋生，直立或下垂，花完全打开，颜色变化较大；萼片背面密布柔毛，侧萼片与蕊柱足基部连接形成萼囊；花瓣大小和颜色相似中萼片，唇瓣3裂，与蕊柱足连接，唇盘上面具乳突状褶片；花粉块8个，棒状。

全属约160种，分布于东南亚各国。我国有17种，包括6个特有种，西双版纳产8种。

钝叶苹兰 易危VU 无危LC
Pinalia acervata (Lindley) Kuntze
花期8月，附生于海拔600～1500m林中树干上。

粗茎苹兰 易危VU 无危LC
Pinalia amica (H.G. Reichenbach) Kuntze
花期3～4月，附生于海拔900～2200m的林中树干上。

钝叶苹兰

粗茎苹兰

长苞苹兰

双点苹兰

双点苹兰 濒危EN 无危LC
Pinalia bipunctata (Lindley) Kuntze
花期7月，附生于海拔约1750m的林中树干上。

长苞苹兰 易危VU 无危LC
Pinalia obvia (W. W. Smith) S.C. Chen & J.J. Wood
花期4～5月，附生于海拔700～2000m的林中树干或石壁上。

厚叶苹兰 濒危EN 易危VU
Pinalia pachyphylla (Averyanov) S.C. Chen & J.J. Wood
花期4～6月，附生于海拔650～1000m的林中树干或岩壁上。

厚叶苹兰

密花苹兰 易危VU 无危LC
Pinalia spicata (D. Don) S.C. Chen & J.J.
Wood
花期7～10月，附生于海拔800～2300m的林中树干
或岩石上。

鹅白苹兰 易危VU 无危LC
Pinalia stricta (Lindley) Kuntze
花期11月至翌年2月，附生于海拔800～1700m的
林中树干或岩石上。

密花苹兰

鹅白苹兰

045 毛鞘兰属
Trichotosia Blume

　　附生兰，茎红棕色，很少白色，全株被毛，叶片互生于整个茎上。花序侧生，较短，数朵花，或较长，多朵花；花扭转倒置，不完全打开，萼片背面具红色茸毛，侧萼片与蕊柱足连接形成萼囊；唇瓣不裂或3裂，唇盘上有褶片或没有，有时候有乳突状胼胝体；花粉块8个。

　　全属约50种，分布于东南亚至新几内亚和太平洋岛屿。我国有4种，1种为特有种，西双版纳产3种。

瓜子毛鞘兰 易危VU 无危LC
Trichotosia dasyphylla (E.C. Parish & H.G. Reichenbach) Kraenzlin
花期3～5月，附生于海拔950～1600m的常绿阔叶林树干上。

高茎毛鞘兰 易危VU 无危LC
Trichotosia pulvinata (Lindley) Kraenzlin
花期7月，附生于海拔1200～2000m的沟谷雨林树干上或岩石上。

瓜子毛鞘兰

高茎毛鞘兰

毛梗兰

046 毛梗兰属
Eriodes Rolfe

　　附生兰，假鳞茎在根状茎上近聚生，较大，顶生2～3枚叶，叶大，折扇状。总状花序或圆锥花序侧生于假鳞茎的基部，直立，密布短柔毛，疏生多数花；花中等大，萼片背面密布长柔毛，中萼片向前倾，多少凹陷，侧萼片基部较宽而歪斜，贴生于蕊柱足上而形成明显的萼囊；花瓣比萼片狭，无毛，唇瓣舌形或卵状披针形，基部以一活动关节与蕊柱足末端连接，不裂；花粉团8个，蜡质，近球形，等大，每4个为一群，无明显的粘盘和粘盘柄。

　　全属仅1种，广泛分布于从热带喜马拉雅地区经中国西南部到东南亚各国，西双版纳也有分布。

毛梗兰 易危VU 无危LC
Eriodes barbata (Lindley) Rolfe
花期10～11月，附生于海拔1400～1700m的林中树干上。

047 钳唇兰属
Erythrodes Blume

地生兰，根状茎匍匐肉质，茎直立，圆柱形。叶稍肉质，互生。总状花序顶生，直立，具多数密生的花，似穗状；花较小，萼片离生，背面常有毛，中萼片与花瓣粘贴呈兜状，侧萼片张开；唇瓣基部常贴生于合蕊柱，直立，全缘或3裂，基部具距，距圆筒状；花粉团2个，每个多少纵裂为2，粒粉质，具花粉团柄，共同具1个粘盘。

全属约有20种，主要分布于南美洲和亚洲热带地区，我国有2种，西双版纳产1种。

钳唇兰 近危NT 无危LC
Erythrodes blumei (Lindley) Schlechter
花期4～5月，生于海拔600～1500m的山坡或沟谷叶林下阴湿处。

钳唇兰

口盖花蜘蛛兰

048 花蜘蛛兰属
Esmeralda H.G. Reichenbach

附生兰，茎伸长，粗壮。叶厚革质，狭长。总状花序生于叶腋或几乎对生于叶，疏生少数花，花大，质地厚，开展；萼片和花瓣具红棕色斑纹，近相似，花瓣稍较小；唇瓣近提琴形，3裂，以1个可活动的关节连接于合蕊柱基部，距囊状；花粉团蜡质，4个，每2个为一对。

全属约3种，分布于东南亚各国。我国有2种，西双版纳产1种。

口盖花蜘蛛兰 易危VU 易危VU
Esmeralda bella H.G. Reichenbach
花期11～12月，附生于海拔1700～1800m的林中树干上。

紫花美冠兰

049 美冠兰属
Eulophia R. Brown

地生兰，极少数为腐生，茎膨大成球茎状、块状或其他形状假鳞茎。叶数枚，基生。总状花序从假鳞茎侧面节上发出，直立，有时有分枝而形成圆锥花序；萼片离生，相似；花瓣与中萼片相似或略宽；唇瓣通常3裂，侧裂片围抱合蕊柱，唇盘上常有褶片、鸡冠状脊、流苏状毛等附属物，基部有距或囊；花粉团2个，多少有裂隙，蜡质，具短而宽阔的粘盘柄和圆形粘盘。

全属约200种，主要分布于非洲和亚洲热带与亚热带地区。我国有13种，2个特有种，西双版纳产1种。

紫花美冠兰 易危VU　易危VU
Eulophia spectabilis (Dennstedt) Suresh
花期4～6月，生于海拔1400～1500m的林缘或草坡上。

紫花美冠兰（黄色）

紫花美冠兰（红色）

050 金石斛属
Flickingeria A.D. Hawkes

附生兰，具匍匐根状茎，上端的一个节间膨大成粗壮的假鳞茎，假鳞茎为稍扁的圆柱形、棒状或梭状，具1～3个节间，顶生1枚叶。叶通常长圆形至椭圆形，与假鳞茎相连接处有1个关节。花小，单生或2～3朵成簇，萼片相似，侧萼片基部较宽而歪斜，与蕊柱足合生而形成明显的萼囊，花瓣与萼片相似而较狭，唇瓣通常3裂；花粉团蜡质，近球形，4个，成2对。

全属约65～70种，主要分布于热带东南亚、新几内亚岛和大洋洲的一些岛屿。我国有9种，其中5个特有种，西双版纳产5种。

滇金石斛

滇金石斛 濒危EN 无危LC
Flickingeria albopurpurea Seidenfaden
花期6～7月，附生于海拔800～1200m的林中树干或岩石上。

二色金石斛 极危CR 濒危EN
Flickingeria bicolor Z.H. Tsi & S.C. Chen
花期6～7月，附生于海拔约700～900m的林中树干或岩石上。

红头金石斛 极危CR 濒危EN
Flickingeria calocephala Z. H. Tsi & S. C. Chen
花期6～7月，附生于海拔1200m左右的林中树干或岩石上。

二色金石斛

红头金石斛

山珊瑚

毛萼山珊瑚

毛萼山珊瑚

051 山珊瑚属
Galeola Loureiro

腐生兰，常具较粗壮的块状根状茎。茎较粗壮，直立或攀援。总状花序或圆锥花序顶生或侧生，具多数稍肉质的花；花中等大，通常黄色或红褐色；萼片离生，背面常被毛；花瓣无毛，略小于萼片；唇瓣不裂，通常凹陷成杯状或囊状，多少围抱合蕊柱，明显大于萼片，基部无距，内有纵脊或胼胝体；花粉团2个，粒粉质，无附属物。

全属约10种，主要分布于亚洲热带地区，我国有4种，其中1种为特有种，西双版纳产2种。

山珊瑚 近危NT 无危LC
Galeola faberi Rolfe
花期5～7月，生于海拔1800～2300m的林下阴湿处。

毛萼山珊瑚 近危NT 无危LC
Galeola lindleyana (J.D. Hooker & Thomson) H.G. Reichenbach
花期5～8月，生于海拔740～2200m的林下沟谷边腐殖质丰富的阴湿处。

大花盆距兰

052 盆距兰属
Gastrochilus D. Don

　　附生兰，茎具节，节上长出长而弯曲的根。叶多数，稍肉质或革质，通常二列互生，扁平。总状花序或常常由于花序轴缩短而呈伞形花序，侧生，比叶短；花多少肉质，萼片和花瓣近相似，多少伸展成扇状；唇瓣分为前唇和后唇（囊距），前唇垂直于后唇而向前伸展；后唇牢固地贴生于合蕊柱两侧，盔状、半球形或近圆锥形；花粉团蜡质，2个，近球形。

　　全属约47种，分布于亚洲热带和亚热带地区。我国有29种，其中17种为特有种，西双版纳产5种。

大花盆距兰 易危VU　易危VU
Gastrochilus bellinus (H.G. Reichenbach) Kuntze
花期3～4月，附生于海拔1300～1900m的林中树干上。

盆距兰 近危NT　无危LC
Gastrochilus calceolaris (Buchanan-Hamilton ex Smith) D. Don
花期3～4月，附生于海拔1000～2100m的林中树干上。

盆距兰

盆距兰

云南盆距兰

云南盆距兰 濒危EN　易危VU
Gastrochilus yunnanensis Schlechter
花期10～11月，附生于海拔约1500m的密林树干上。

滇南盆距兰 濒危EN　易危VU
Gastrochilus platycalcaratus (Rolfe) Schlechter
花期3月，附生于海拔750～1000m的林中树干上。

无茎盆距兰 易危VU　无危LC
Gastrochilus obliquus (Lindley) Kuntze
花期10～11月，附生于海拔700～1400m的林中树干上或岩石上。

云南盆距兰

滇南盆距兰

无茎盆距兰

勐腊天麻

053 天麻属
Gastrodia R. Brown

腐生兰，具根状茎，块状、圆柱状或多少呈珊瑚状，茎直立。总状花序顶生，花近壶形、钟状或宽圆筒状；萼片与花瓣合生成筒，仅上端分离，花被筒基部有时膨大成囊状；唇瓣贴生于蕊柱足末端，通常较小，藏于花被筒内；花粉团2个，粒粉质，通常由可分的小团块组成，无花粉团柄和粘盘。

全属约20种，分布于东亚、东南亚至大洋洲。我国有16种，其中10个特有种，西双版纳产3种。

勐腊天麻 易危VU
Gastrodia albidoides Y. H.Tan & T. C. Hsu
花期5月，生于海拔700~800m的沟谷雨林下阴湿腐殖质中。

八代天麻 濒危EN 无危LC
Gastrodia confusa Honda & Tuyama
花期9~10月，生于海拔约1200m的竹林下。

勐海天麻 极危CR 无危LC
Gastrodia menghaiensis Z. H. Tsi & S. C. Chen
花期9~11月，生于海拔约1200m的林下。

八代天麻

八代天麻

勐海天麻

大花地宝兰

地宝兰

054 地宝兰属
Geodorum Jackson

地生兰，茎膨大成球状或块状假鳞茎。叶数枚，基生。花序生于假鳞茎侧面的节上，顶端为缩短的总状花序，俯垂，通常具较密集的花；萼片与花瓣相似或花瓣较短而宽，离生，常多少靠合；唇瓣通常不分裂或不明显的3裂，基部着生于短的蕊柱足上，与蕊柱足形成各种形状的囊；花粉团2个，蜡质，具宽阔的粘盘柄和较大的粘盘。

全属约10种，分布于亚洲热带至澳大利亚和太平洋岛屿。我国有6种，其中2种为特有种，西双版纳产3种。

大花地宝兰 易危VU 易危VU
Geodorum attenuatum Griffith
花期5～6月，生于海拔800m以下的林缘。

地宝兰 近危NT 易危VU
Geodorum densiflorum (Lamarck) Schlechter
花期6～7月，生于海拔1500m以下的林下、溪旁或草坡。

多花地宝兰 易危VU 易危VU
Geodorum recurvum (Roxburgh) Alston
花期4～6月，生于海拔500～900m的林下。

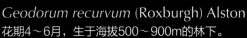
多花地宝兰

多叶斑叶兰

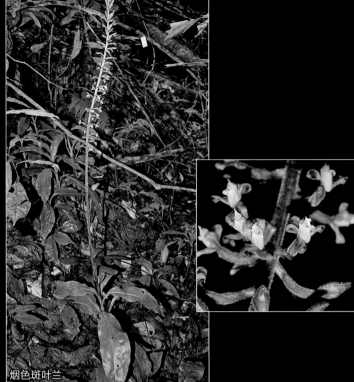

烟色斑叶兰

高斑叶兰

055 斑叶兰属
Goodyera R. Brown

地生兰，根状茎常伸长，节上生根，茎直立。叶互生，叶面常具杂色的斑纹。总状花序顶生，花常较小，在花序上偏向一侧或不偏向一侧；萼片离生，近相似，背面常被毛，中萼片直立，凹陷，与花瓣黏合呈兜状，侧萼片直立或张开；花瓣较萼片薄，膜质，唇瓣围抱合蕊柱基部，不裂，无爪，基部凹陷呈囊状，前部渐狭，先端多少向外弯曲，囊内常有毛；花粉团2个，狭长，每个纵裂为2，粒粉质，无花粉团柄，共同具1个粘盘。

全属约100种，主要分布于北温带。我国有29种，其中有12个特有种，西双版纳产5种。

多叶斑叶兰 近危NT 无危LC
Goodyera foliosa (Lindley) Bentham ex C.B. Clarke
花期7～9月，生于海拔800～1500m的林下。

烟色斑叶兰 近危NT 无危LC
Goodyera fumata Thwaites
花期3～4月，生于海拔600～1300m的林下阴湿处。

高斑叶兰 无危LC 无危LC
Goodyera procera (Ker Gawler) Hooker
花期4～5月，生于海拔550～1600m的林下。

绿花斑叶兰

绿花斑叶兰 近危NT 无危LC
Goodyera viridiflora (Blume) Lindley ex D. Dietrich
花期8～9月，生于海拔800～2300m的林下阴湿处。

红花斑叶兰 近危NT 无危LC
Goodyera rubicunda (Blume) Lindley
花期7～8月，生于海拔700～1500m的林下阴湿处。

红花斑叶兰

056 玉凤花属
Habenaria Willdenow

　　地生兰，块茎肉质，椭圆形或长圆形，茎直立，具1至多枚叶。叶散生或集生于茎的中部、下部或基部。总状花序顶生，具少数或多数花；萼片离生，中萼片常与花瓣靠合呈兜状，侧萼片伸展或反折；花瓣不裂或分裂，唇瓣一般3裂，基部通常有距，合蕊柱短，两侧通常有耳（退化雄蕊）；花粉团2个，粒粉质，通常具长的花粉团柄和粘盘；柱头2个，分离，凸出或延长，成为"柱头枝"，位于合蕊柱前方基部；蕊喙有臂，臂伸长的沟与药室伸长的沟相互靠合呈管状围抱着花粉团柄。

　　全属约600种，分布于全球热带、亚热带至温带地区。我国有55种，其中19种为特有种，西双版纳产16种。

凸孔坡参 近危NT 易危VU
Habenaria acuifera Wallich ex Lindley
花期6～8月，生于海拔600～2000m的山坡林下、灌丛或草地中。

凸孔坡参

薄叶玉凤花

毛葶玉凤花

二叶玉凤花

薄叶玉凤花 易危VU 易危VU

Habenaria austrosinensis Tang & F. T. Wang
花期7～8月，生于海拔700～1400m的沟谷林下阴湿处。

毛葶玉凤花 近危NT 无危LC

Habenaria ciliolaris Kraenzlin
花期7～9月，生于海拔1100～1800m的山坡或林下。

二叶玉凤花 濒危EN 濒危EN

Habenaria diphylla Dalzell
花期6月，生于海拔1000～1400m的沟谷林下阴湿处。

鹅毛玉凤花 近危NT 无危LC

Habenaria dentata (Swartz) Schlechter
花期8～10月，生于海拔700～2300m的草坡或林下沟边。

鹅毛玉凤花

线瓣玉凤花

密花玉凤花

南方玉凤花

细花玉凤花

细花玉凤花

线瓣玉凤花 近危NT 易危VU
Habenaria fordii Rolfe
花期7～8月，生于海拔650～2200m的密林下阴湿处或岩石
上缝隙中。

密花玉凤花 易危VU 无危LC
Habenaria furcifera Lindley
花期9月，生于海拔1100～1200m的林下。

南方玉凤花 近危NT 无危LC
Habenaria malintana (Blanco) Merrill
花期10～11月，生于海拔500～1100m的常绿阔叶林下或
草地。

细花玉凤花 无危LC
Habenaria lucida Wallich ex Lindley（待查证）
花期8～9月，生于海拔700～1200m的山地林下草坡。

版纳玉凤花

版纳玉凤花

勐远玉凤花

勐远玉凤花

丛叶玉凤花

莲座玉凤花

版纳玉凤花 濒危EN 易危VU

Habenaria medioflexa Turrill
花期9～10月，生于海拔800m左右的密林下。

勐远玉凤花 易危VU

Habenaria myriotricha Gagnep.
花期10～11月，生于海拔约1100m的石灰山森林岩石缝隙的腐殖质中。

丛叶玉凤花 易危VU 无危LC

Habenaria tonkinensis Seidenfaden
花期10～11月，生于海拔650～1200m的常绿阔叶林林下。

莲座玉凤花 濒危EN 易危VU

Habenaria plurifoliata Tang & F. T. Wang
花期10月，生于海拔700～800m的山坡或江边林下。

057 舌喙兰属
Hemipilia Lindley

地生兰，块茎椭圆状，茎直立，通常在基部具1～3枚鞘，鞘上方具1枚叶。叶通常心形，基部抱茎，无毛。总状花序顶生，具数朵花，花中等大小；萼片离生，中萼片通常直立，与花瓣靠合成兜状，侧萼片斜歪；花瓣一般较萼片稍小，唇瓣伸展，分裂或不裂，通常上面被细小的乳突，并在基部近距口处具2枚胼胝体，距内常被小乳突。蕊喙甚大，3裂，中裂片舌状，侧裂片三角形。花粉团2个，粒粉质，具长的花粉团柄及舟状的粘盘。

全属约10种，分布于东南亚各国。我国有7种，其中5种为特有种，西双版纳产3种。

广西舌喙兰

广西舌喙兰 濒危EN 无危LC
Hemipilia kwangsiensis Tang & F. T. Wang ex K. Y. Lang
花期8～9月，生于海拔800～950m的石灰山森林中腐殖质丰富的石缝中。

扇唇舌喙兰 近危NT 易危VU
Hemipilia flabellata Bureau & Franchet
花期6～8月，生于海拔1600～2300m的林下或岩石缝中。

扇唇舌喙兰

叉唇角盘兰

叉唇角盘兰

058 角盘兰属
Herminium Linnaeus

地生兰，块茎球形或椭圆形，茎直立。花序顶生，总状或似穗状，具多数花。花小，密生，通常为黄绿色；萼片离生，近等长，花瓣通常较萼片狭小，一般增厚而带肉质；唇瓣贴生于蕊柱基部，前部3裂或不裂，基部多少凹陷，通常无距；花粉团2个，粒粉质，具极短的花粉团柄和粘盘，粘盘常卷成角状，裸露；柱头2个，隆起而向外伸，分离，几为棍棒状。

全属约25种，主要分布于东亚，少数种也见于欧洲和东南亚。我国有18种，其中10个特有种，西双版纳产1种。

叉唇角盘兰 无危LC 无危LC
Herminium lanceum (Thunberg ex Swartz) Vuijk
花期6～8月，生于海拔730～2400m的林下或草地。

爬兰

059 爬兰属
Herpysma Lindley

地生兰，根状茎伸长，匍匐；茎直立或近直立，具多枚叶。叶互生于整个茎上，纸质。总状花序顶生，较短，密生多数小花；萼片离生，相似，背面被毛，中萼片与花瓣黏合呈兜状；唇瓣较萼片短，贴生于合蕊柱两侧，呈提琴形，中部反折，基部具狭长的距；花粉团2个，粒粉质，狭长，共同具1个狭长的粘盘。

全属仅1种，分布于东亚至东南亚各国，西双版纳有分布。

爬兰 易危VU 无危LC
Herpysma longicaulis Lindley
花期8～9月，生于海拔约1200m的山坡密林下。

060 翻唇兰属
Hetaeria Blume

地生兰，根状茎伸长，肉质，茎直立，具数枚叶。叶互生，上面绿色或沿中肋具1条白色的条纹，具柄，叶柄基部扩大成抱茎的鞘。总状花序顶生，具多数花，子房不扭转，花不倒置；萼片离生，中萼片与花瓣黏合呈兜状，侧萼片包围唇瓣基部的囊；花瓣与中萼片近等长，常较萼片窄；唇瓣基部凹陷，呈囊状或杯状，内面基部具各种形状的胼胝体；花粉团2个，每个多少纵裂为2，粉粒质，花粉团柄呈短棒状，共同具1个粘盘。

全属约30种，主要分布于亚洲热带地区。我国有6种，西双版纳产1种。

滇南翻唇兰 易危VU 无危LC
Hetaeria affinis (Griffith) Seidenfaden & Ormerod
花期3～4月，生于海拔620～1000m的林下阴湿处。

滇南翻唇兰

大根槽舌兰

管叶槽舌兰

061 槽舌兰属
Holcoglossum Schlechter

附生兰，茎短，叶肉质，圆柱形或半圆柱形。总状花序侧生，不分枝，具少数至多数花；花较大，萼片在背面中肋增粗或呈龙骨状突起，侧萼片较大，常歪斜；花瓣稍较小，或与中萼片相似；唇瓣3裂，侧裂片直立，中裂片较大，基部常有附属物；距通常细长而弯曲，向末端渐狭；花粉团蜡质，2个，球形，具裂隙，具粘盘和粘盘柄。

全属12种，分布于东南亚热带地区，我国有12种，其中7个为特有种，西双版纳产2种。

大根槽舌兰 易危VU 易危VU
Holcoglossum amesianum (H.G. Reichenbach) Christenson
花期3月，生于海拔1250～2000m的林中树干上。

管叶槽舌兰 濒危EN 易危VU
Holcoglossum kimballianum (H.G. Reichenbach) Garay
花期11月，生于海拔1000～1630m的林中树干或岩石上。

062 湿唇兰属
Hygrochilus Pfitzer

　　附生兰，茎短或稍伸长，具数枚叶，叶肉质状肥厚，二列互生。总状花序斜立或近平伸，不分枝，疏生少数至多数花；花大，萼片与花瓣相似，在背面中肋多少呈龙骨状；唇瓣质地厚，以1个活动关节附着于合蕊柱基部，3裂；蕊喙狭长，下弯，花粉团蜡质，2个，球形，具粘盘和粘盘柄。

　　全属共1种，分布于东南亚热带地区，西双版纳有分布。

湿唇兰 易危VU 无危LC
Hygrochilus parishii (H.G. Reichenbach) Pfitzer
花期6～7月，附生于海拔800～1100m的林中树干或岩石上。

全唇盂兰

063 盂兰属
Lecanorchis Blume

　　腐生兰，根状茎圆柱状，细长，茎纤细，近直立。总状花序顶生，通常数朵至10余朵花；花小或中等大，在子房顶端和花序基部间具1个杯状物（副萼），杯状物上方靠近花被基部处有离层；萼片与花瓣离生，相似；唇瓣基部有爪，通常爪的边缘与蕊柱合生成管，上部3裂或不裂；唇盘上常被毛或具乳头状凸起，无距；花粉团2个，粒粉质，无花粉团柄，亦无明显的粘盘。

　　全属约10种，分布于东南亚至太平洋岛屿，向北到达日本和我国南部。我国有4种，其中1个为特有种，西双版纳产2种。

全唇盂兰 易危VU 易危VU
Lecanorchis nigricans Honda
花期8～10月，生于600～1000m沟谷雨林下腐殖质丰富的阴湿处。

064 袋距兰属
Lesliea Seidenfaden

　　附生兰，根扁平肉质，茎短，叶片肉质。花序侧生，短于叶片，密生多数花，同时间开放；萼片卵圆形，花瓣披针形，唇瓣连接于蕊柱足，3裂，基部具1个胼胝体；距囊状；柱头有翅；花粉块2个，具粘盘和粘盘柄。

　　全属仅1种，主要分布于泰国和中国，西双版纳也有分布。

袋距兰 无危LC
Lesliea mirabilis Seidenfaden
花期10~11月，分布于海拔约680m的沟谷雨林水沟边树干上。

袋距兰

袋距兰

065 羊耳蒜属
Liparis Richard

　　地生兰或附生兰，通常具假鳞茎，假鳞茎密集或疏离。叶1至数枚，基生或茎生（地生种类），或生于假鳞茎顶端或近顶端的节上（附生种类）。总状花序顶生，直立，呈扁圆柱形并在两侧具狭翅，疏生或密生多花；花小或中等大，萼片相似，离生或极少两枚侧萼片合生；花瓣通常比萼片狭，线形至丝状；唇瓣不裂或偶见3裂，有时在中部或下部缢缩，上部或上端常反折，基部或中部常有胼胝体，无距；花粉团4个，成2对，蜡质，无明显的花粉团柄和粘盘。

　　全属约有320种，广泛分布于全球热带与亚热带地区，少数种类也见于北温带。我国有63种，其中20种为特有种，西双版纳产17种。

须唇羊耳蒜 易危VU 濒危EN
Liparis barbata Lindley
花期6月，生于海拔900~1000m的林下岩石覆土上。

须唇羊耳蒜

镰翅羊耳蒜 近危NT 无危LC

Liparis bootanensis Griffith
花期8～10月，附生于海拔800～2300m的林中树干或岩石上。

小巧羊耳蒜 易危VU 无危LC

Liparis delicatula J.D. Hooker
花期10月，附生于海拔500～2200m的山坡或河谷林中树干上。

大花羊耳蒜 易危VU 无危LC

Liparis distans C.B.Clarke
花期10月至翌年2月，附生于海拔1000～2400m的林中树干或岩石上。

丛生羊耳蒜 近危NT 无危LC

Liparis cespitosa (Lamarck) Lindley
花期6～10月，附生于海拔500～2400m的林中树干或岩石上。

镰翅羊耳蒜

小巧羊耳蒜

大花羊耳蒜

丛生羊耳蒜

翼蕊羊耳蒜

见血青

翼蕊羊耳蒜 易危VU 濒危EN

Liparis regnieri Finet
花期6月，生于海拔约1500m的常绿阔叶林林下。

见血青 近危NT 易危VU

Liparis nervosa (Thunberg) Lindley
花期2～7月，生于海拔1000～2100m的林下、溪谷旁、草丛或岩石覆土上。

扁球羊耳蒜 近危NT 无危LC

Liparis elliptica Wight
花期11月至翌年2月，附生于海拔700～1500m的阔叶林中树干上。

柄叶羊耳蒜 近危NT 易危VU

Liparis petiolata (D. Don) P.F. Hunt & Summerhayes
花期5～6月，生于海拔1100～2900m的林下或溪谷旁阴湿处。

三裂羊耳蒜 易危VU 无危LC

Liparis mannii H.G.Reichenbach
花期10～11月，附生于海拔700～1200m的沟谷林中树干上。

扁球羊耳蒜

柄叶羊耳蒜

三裂羊耳蒜

蕊丝羊耳蒜 易危VU 无危LC
Liparis resupinata Ridley
花期10～12月，附生于海拔1300～2300m的林中树干上。

折苞羊耳蒜 近危NT 易危VU
Liparis tschangii Schlechter
花期7～8月，生于海拔1100～1700m的林下。

长茎羊耳蒜 易危VU 无危LC
Liparis viridiflora (Blume) Lindley
花期9～12月，附海拔800～2300m的林中树干或岩石上。

蕊丝羊耳蒜

长茎羊耳蒜

折苞羊耳蒜

长茎羊耳蒜

长茎羊耳蒜

附生兰，茎簇生，圆柱形，具多节，疏生多数叶。叶肉质，细圆柱形。总状花序侧生，远比叶短，花序轴粗短，密生少数至多数花；花通常较小，多少肉质，萼片和花瓣离生，相似或花瓣较长而狭；侧萼片与唇瓣前唇并列而向前伸，在背面中肋常增粗或向先端变成翅；唇瓣肉质，贴生于合蕊柱基部，中部常缢缩而形成前后唇；后唇常凹陷，基部常具围抱合蕊柱的侧裂片；前唇常向前伸展，上面常具纵皱纹或纵沟；花粉团蜡质，球形，2个，具孔隙，具粘盘和粘盘柄。

全属约40种，广泛分布于亚洲热带地区。我国有11种，其中5个特有种，西双版纳产4种。

小花钗子股

小花钗子股

小花钗子股 易危VU 无危LC

Luisia brachystachys (Lindley) Blume
花期4月，附生于海拔700～1180m的林中树干上。

大花钗子股 濒危EN 无危LC

Luisia magniflora Z. H. Tsi & S. C. Chen
花期4～7月，附生于海拔680～1900m的林中树干上。

钗子股 近危NT 易危VU

Luisia morsei Rolfe
花期4～5月，附生于海拔约700m的林中树干或岩石上。

长叶钗子股 濒危EN 易危VU

Luisia zollingeri H.G. Reichenbach
花期5月，附生于海拔600～720m的林中树干上。

大花钗子股

钗子股

长叶钗子股

067 槌柱兰属
Malleola J.J. Smith & Schlechter

　　附生兰，茎短或伸长，稍扁圆柱形，叶扁平，质地厚，二列，先端2裂或2～3尖裂。总状花序侧生于茎，下垂，具多数小花；花开展，质地薄，中萼片通常舟状，侧萼片和花瓣伸展；唇瓣生于合蕊柱基部，3裂；距大，囊状，内壁无附属物；花粉团蜡质，球形，2个，具粘盘和粘盘柄。

　　全属约30种，广泛分布于东南亚热带地区，我国已知1种，西双版纳有分布。

槌柱兰　易危VU　易危VU
Malleola dentifera J. J. Smith
花期7月，附生于海拔约650m的林中树干上。

槌柱兰

漏斗叶芋兰

068 芋兰属
Nervilia Commerson ex Gaudichaud

　　地生兰，具肉质圆球形或卵圆形块茎，先花后叶。叶1枚。花1朵或多朵排成顶生的总状花序；花中等大，具细的花梗，常下垂，萼片和花瓣相似，狭长；唇瓣近直立，基部无距，不裂或2～3裂；花粉团2个，2裂或4裂，粒粉质，无粘盘和粘盘柄。

　　全属约65种，分布于亚洲、大洋洲和非洲的热带与亚热带地区。我国有9种，其中3种为特有种，西双版纳产5种。

漏斗叶芋兰　濒危EN
Nervilia infundibulifolia Blatter & McCann
花期5～6月，生于海拔560～1700m的竹林中或密林下。

广布芋兰

广布芋兰

芋兰一种花

芋兰一种

广布芋兰 近危NT 无危LC

Nervilia aragoana Gaudichaud

花期5～6月，生于海拔600～2300m的林下。

芋兰一种 濒危EN

Nervilia sp. (拟新种)

花期5～6月，生于海拔550～1200m的竹林或密林下。

毛叶芋兰 近危NT 无危LC

Nervilia plicata (Andrews) Schlechter

花期5～6月，生于海拔600～1000m的林下。

毛叶芋兰

毛叶芋兰

绿春鸢尾兰

069 鸢尾兰属
Oberonia Lindley

附生兰，茎短或稍长，常包藏于叶基之内。叶二列，通常两侧压扁，极少近圆柱形，肉质。总状花序从叶丛中央或茎的顶端发出，具多数或极多数花，花很小，常呈轮生状；萼片离生，相似；花瓣通常比萼片狭，边缘有时啮蚀状；唇瓣通常3裂，边缘有时呈啮蚀状或有流苏，侧裂片常围抱合蕊柱；花粉团4个，成2对，蜡质，基部有一小团的黏性物质。

全属约有150～200种，主要分布于热带亚洲，也见于热带非洲至马达加斯加、澳大利亚和太平洋岛屿。我国有33种，其中11个特有种，西双版纳产19种。

绿春鸢尾兰 濒危EN 易危VU
Oberonia acaulis var. *luchunensis* S.C. Chen
花期10月，附生于海拔1700～2300m的常绿阔叶林林缘树干上。

长裂鸢尾兰 易危VU 易危VU
Oberonia anthropophora Lindley
花期5月，附生于海拔约1200m的山地雨林树干上。

棒叶鸢尾兰 近危NT 无危LC
Oberonia cavaleriei Finet
花期8～10月，附生于海拔1200～1500m的林中树枝或岩石上。

绿春鸢尾兰

长裂鸢尾兰

长裂鸢尾兰

棒叶鸢尾兰　棒叶鸢尾兰

剑叶鸢尾兰

剑叶鸢尾兰 近危NT 无危LC
Oberonia ensiformis (Smith) Lindley
花期9～11月，附生于海拔900～1600m的林下树干上。

短耳鸢尾兰 易危VU 无危LC
Oberonia falconeri J.D. Hooker
花期8～11月，附生于海拔7000～2300m的林中树干上。

全唇鸢尾兰 易危VU 无危LC
Oberonia integerrima Guillaumin
花期9月，附生于海拔1000～1600m的石灰山林中树上。

短耳鸢尾兰

全唇鸢尾兰

密苞鸢尾兰

密苞鸢尾兰 濒危EN 无危LC
Oberonia variabilis Kerr
花期1～4月，附生于海拔650～1000m的林中树上或岩石上。

小花鸢尾兰 易危VU 无危LC
Oberonia mannii J.D. Hooker
花期3～6月，附生于海拔1500～2000m的林中树上或岩石上。

条裂鸢尾兰 易危VU 无危LC
Oberonia jenkinsiana Griffith ex Lindley
花期9～10月，附生于海拔1200～1500m的林中树上。

小花鸢尾兰

小花鸢尾兰

条裂鸢尾兰

条裂鸢尾兰

密苞鸢尾兰

裂唇鸢尾兰

裂唇鸢尾兰 易危VU 无危LC
Oberonia pyrulifera Lindley
花期9~11月，附生于海拔1700~2300m的林中树上。

红唇鸢尾兰 易危VU 无危LC
Oberonia rufilabris Lindley
花期11月至翌年1月，附生于海拔约800~1000m的林中树上。

扁葶鸢尾兰 易危VU 无危LC
Oberonia pachyrachis H.G. Reichenbach ex J.D. Hooker
花期11月至翌年3月，附生于海拔1500~2100m的林中树上。

裂唇鸢尾兰

红唇鸢尾兰

扁葶鸢尾兰

070 齿唇兰属
Odontochilus Blume

地生兰或腐生兰，根状茎肉质、匍匐，叶绿色或紫色，常具1～3条白色脉纹。总状花序直立顶生，有毛或无毛；中萼片分离或与侧萼片基部1/2处合生，侧萼片类似于中萼片，基部与唇瓣合生；花瓣膜质，唇瓣3段，没有距，下唇半球形囊状，具1对肉质胼胝体，中部常拉伸，管状，边缘全缘或流苏状；花粉块2个，倒卵形或棒状，具粘盘和粘盘柄。

全属约40种，分布于亚洲热带地区至大洋洲。我国有11种，其中2个特有种，西双版纳产3种。

西南齿唇兰 近危NT 易危VU
Odontochilus elwesii C.B. Clarke ex J.D. Hooker
花期7～8月，生于海拔600～1500m的林下阴湿处。

一柱齿唇兰 易危VU 易危VU
Odontochilus tortus King & Pantling
花期7～9月，生于海拔1250～1500m的林下阴湿处。

齿爪齿唇兰 易危VU
Odontochilus poilanei (Gagnepain) Ormerod
花期8～9月，生于海拔1000～1800m的林下阴湿处。

西南齿唇兰

一柱齿唇兰

齿爪齿唇兰

羽唇兰

071 羽唇兰属

Ornithochilus (Wallich ex Lindley)
Bentham & J.D. Hooker

　　附生兰，茎短，质地硬，基部生许多扁而弯曲的气根。
叶肉质，数枚，扁平，常两侧不对称，先端急尖而钩转。花
序在茎上侧生，下垂，细长，分枝或不分枝，疏生许多花；
花小，稍肉质；萼片近等大，侧萼片稍歪斜的，花瓣较狭；
唇瓣基部具爪，3裂；距近圆筒状，距口处具1个被毛的盖；
花粉团蜡质，2个，近球形，每个劈裂为不等大的2爿，具粘
盘和粘盘柄。

　　全属共3种，分布于热带喜马拉雅经我国西南到东南亚。我
国有2种，其中1种为特有种，西双版纳产1种。

羽唇兰 近危NT 无危LC

Ornithochilus difformis (Wallich ex Lindley)
Schlechter

花期5～7月，附生于海拔580～1800m的林中树干上。

羽唇兰

狭叶耳唇兰

耳唇兰

072　耳唇兰属
Otochilus Lindley

附生兰，假鳞茎圆柱形，相互连接而形成长茎状。叶2枚，生于每个假鳞茎顶端。总状花序生于假鳞茎顶端两枚叶中央，常下垂，具数朵或更多的花；花小，近二列，花被片展开；萼片离生，有时稍呈舟状，背面常多少有龙骨状突起；花瓣比萼片狭小，唇瓣近基部上方3裂，基部凹陷成球形的囊；花粉团4个，成2对，蜡质；具粘盘和粘盘柄。

全属共4种，分布于东南亚热带地区，我国4种都有分布，西双版纳产2种。

狭叶耳唇兰　易危VU　无危LC
Otochilus fuscus Lindley
花期3～5月，附生于海拔1200～2100m的林中树干上。

耳唇兰　易危VU　无危LC
Otochilus porrectus Lindley
花期10～11月，附生于海拔700～1200m的沟谷林中树干上。

073　曲唇兰属
Panisea (Lindley) Lindley

附生兰，假鳞茎通常较密集地着生于匍匐而分枝的根状茎上，叶1～2枚生于假鳞茎顶端，通常狭椭圆形。总状花序从靠近老假鳞茎基部的根状茎上发出，具1～2朵花；花中等大或小，萼片离生，相似，但侧萼片常斜歪或稍狭而长；花瓣与萼片相似，略短而狭，唇瓣不裂或有2个很小的侧裂片，基部具爪呈"S"形弯曲，具或不具附属物；花粉团4个，成2对，蜡质，基部黏合在一起。

全属共7种，分布于东南亚各国。我国有5种，其中1种为特有种，西双版纳产1种。

单花曲唇兰　易危VU　无危LC
Panisea uniflora (Lindley) Lindley
花期10月至翌年3月，生于海拔800～1100m的石灰山森林树干或岩石上。

单花曲唇兰

074 兜兰属
Paphiopedilum Pfitzer

地生、半附生或附生兰，茎短。叶基生，二列。花序从叶丛中抽出，长或短，单花或较少有数花或多花，花大而艳丽；中萼片一般较大，常直立，边缘有时向后卷，2枚侧萼片通常完全合生成合萼片，先端不裂或稍具小齿；花瓣形状变化较大，向两侧伸展或下垂，唇瓣深囊状，球形、椭圆形至倒盔状，囊口常较宽大，口的两侧常有耳状直立的侧裂片，囊内一般有毛；合蕊柱短，具2枚侧生的能育雄蕊，1枚位于上方的退化雄蕊和1个位于下方的柱头；花粉粉质或带黏性，但不黏合成花粉团块，退化雄蕊扁平。

全属约80～85种，分布于亚洲热带地区至太平洋岛屿。我国有27种，其中2种为特有种，西双版纳产3种。

紫毛兜兰

紫毛兜兰 濒危EN 濒危EN
Paphiopedilum villosum (Lindley) Stein
花期11月至翌年3月，生于海拔1100～1700m的林缘草坡或附生于林中树干上。

包氏兜兰 易危VU
Paphiopedilum villosum var. *boxallii* (H. G. Reichenbach) Pfitzer
花期11～12月，附生于海拔1300～1900m的林中树干上或岩石上。

飘带兜兰 极危CR 极危CR
Paphiopedilum parishii (H.G. Reichenbach) Stein
花期6～7月，附生于海拔900～1100m的石灰山森林树干或石壁上。

包氏兜兰

飘带兜兰

凤蝶兰

白花凤蝶兰

075 凤蝶兰属
Papilionanthe Schlechter

　　附生兰，茎圆柱形，伸长，向上攀援或下垂。叶肉质，细圆柱状，先端钝或急尖，近轴面具纵槽。花序在茎上侧生，不分枝，疏生少数花；花通常较大，萼片和花瓣宽阔，先端圆钝；唇瓣基部与蕊柱足连接，3裂；侧裂片近直立且与蕊柱平行或围抱合蕊柱，中裂片先端扩大而常2～3裂，距漏斗状圆锥形或长角状；花粉团蜡质，2个，具粘盘和粘盘柄。

　　全属约12种，分布于东南亚各国。我国有4种，其中1种为特有种，西双版纳产2种。

凤蝶兰 极危CR 易危VU
Papilionanthe teres (Roxburgh) Schlechter
花期5～6月，附生于海拔约600～900m的林中树干或岩壁上。

白花凤蝶兰 濒危EN 极危CR
Papilionanthe biswasiana (Ghose & Mukerjee) Garay
花期4月，附生于海拔1700～1900m的林中树干或腐殖质丰富的岩壁上。

076 虾尾兰属
Parapteroceras Averyanov

附生兰，叶稍肉质，二列。总状花序侧生，斜立或向外伸展，不分枝，具多数花；中萼片卵状椭圆形，侧萼片倒卵形，较大，基部贴生在合蕊柱基部；花瓣较小，倒卵状椭圆形，唇瓣着生在蕊柱足末端而形成一个可动的关节，3裂；花粉团蜡质，2个，近球形，全缘；粘盘柄近倒卵形，宽而扁，粘盘近三角形。

全属约5种，分布于东南亚各国。我国有1种，西双版纳也有分布。

虾尾兰 濒危EN 易危VU

Parapteroceras elobe (Seidenfaden) Averyanov（待查证）

花期7月，附生于海拔1000～1500m的林缘树干上。

虾尾兰

龙头兰

景洪白蝶兰

077 龙头兰属
Pecteilis Rafinesque

地生兰，块茎长圆形、椭圆形或近球形，肉质；茎直立，基部具鞘，具3至数枚互生叶，叶向上渐变小成苞片状。总状花序顶生，具1至数朵花，花苞片叶状，较大；花通常较大，倒置，萼片离生，相似；花瓣线状披针形、倒披针形或长圆形，常较萼片狭小；唇瓣3裂，侧裂片具细齿或全缘，中裂片线形或宽的三角形，距比子房长很多；花粉团2个，粒粉质，具花粉团柄和粘盘。

全属约5种，分布于亚洲热带和亚热带地区。我国有3种，西双版纳产3种。

龙头兰 近危NT 濒危EN

Pecteilis susannae (Linnnaeus) Rafinesque

花期9～10月，生于海拔900～2300m的林下、沟边或草坡。

景洪白蝶兰 极危CR

Pecteilis sagarikii Seidenfaden

花期8～9月，生于海拔约1000m的密林阴湿处。

078 钻柱兰属
Pelatantheria Ridley

附生兰，茎伸长，多少为扁的三棱形。叶革质或稍肉质，常长圆状舌形，先端钝并且不等侧2裂，中部以下常呈"V"字形对折。总状花序从叶腋长出，很短，具少数花；花小，肉质，开展；萼片相似，花瓣较小，唇瓣3裂，距狭圆锥形；花粉团蜡质，2个，近球形。

全属约5种，分布于热带喜马拉雅经印度东北部、缅甸、日本到东南亚地区。我国有4种，西双版纳产3种。

尾丝钻柱兰　濒危EN　无危LC

Pelatantheria bicuspidata Tang & F.T.Wang

花期6～10月，附生于海拔800～1400m的林中树干或岩石上。

钻柱兰　易危VU　无危LC

Pelatantheria rivesii (Guillaumin) Tang & F. T. Wang

花期10月，附生于海拔700～1100m的林中树干或岩石上。

尾丝钻柱兰

钻柱兰

钻柱兰

079 阔蕊兰属
Peristylus Blume

地生兰，块茎肉质，圆球形或长圆形；茎直立，具1至多枚叶。叶散生或集生于茎上或基部，基部具2～3枚圆筒状鞘。总状花序顶生，常具多数花，有时密生呈穗状；花小，绿色或绿白色，直立，子房与花序轴紧靠；萼片离生，中萼片直立，侧萼片伸展张开；花瓣不裂，稍肉质，直立与中萼片相靠呈兜状；唇瓣3深裂或3齿裂，基部具距；距较短，囊状或圆球形；花粉团2个，粒粉质，具花粉团柄和粘盘。

全属约70种，分布于亚洲热带和亚热带地区至太平洋岛屿。我国有19种，其中5个特有种，西双版纳产6种。

长须阔蕊兰 近危NT 无危LC
Peristylus calcaratus (Rolfe) S. Y. Hu
花期7～10月，生于海拔550～1340m的山坡草地或林下。

阔蕊兰 近危NT 无危LC
Peristylus goodyeroides (D.Don) Lindley
花期6～8月，生于海拔550～2300m的山坡林下、灌丛中、草坡地或路边。

长须阔蕊兰

长须阔蕊兰

阔蕊兰

撕唇阔蕊兰

Peristylus lacertifer (Lindley) J. J. Smith

花期7～10月，生于海拔600～1270m的山坡林下、灌丛中或山坡草地向阳处。

滇桂阔蕊兰

Peristylus parishii H.G. Reichenbach

花期6～8月，生于海拔700～1800m的山坡阔叶林下或灌丛下。

纤茎阔蕊兰

Peristylus mannii (H.G. Reichenbach) Mukerjee

花期9～10月，生于海拔1800～2300m的山坡疏林中、灌丛下或山坡草地。

撕唇阔蕊兰

滇桂阔蕊兰

纤茎阔蕊兰

080 鹤顶兰属
Phaius Loureiro

　　地生兰，根圆柱形，粗壮，假鳞茎丛生，具数节。叶大，数枚，互生于假鳞茎上部，具折扇状叶脉，叶鞘紧抱于茎或互相套叠而形成假茎。总状花序1～2个，侧生于假鳞茎节上或从叶腋中发出，高于或低于叶层，疏生少数或密生多数花。花通常较大，萼片和花瓣近等大，唇瓣基部贴生于合蕊柱基部，有距或无距；花粉团8个，蜡质，每4个为一群，附着于1个黏质物上。

　　全属约40种，广布于非洲和亚洲热带及亚热带地区至大洋洲。我国有9种，其中4种为特有种，西双版纳产5种。

紫花鹤顶兰 易危VU 濒危EN
Phaius mishmensis (Lindley & Paxton) H.G. Reichenbach
花期10月至翌年1月，生于海拔约1200～1400m的林下阴湿处。

仙笔鹤顶兰 濒危EN 易危VU
Phaius columnaris C. Z. Tang & S. J.Cheng
花期6月，生于海拔730～1700m的石灰山林下岩石缝隙处。

紫花鹤顶兰

仙笔鹤顶兰

大花鹤顶兰

鹤顶兰

大花鹤顶兰 濒危EN 极危CR

Phaius wallichii Lindley

花期5～6月，生于海拔750～1000m的林下或沟谷阴湿处。

鹤顶兰 易危VU 极危CR

Phaius tancarvilleae (L'Héritier) Blume

花期3～6月，生于海拔700～1800m的林缘、沟谷或溪边阴湿处。

鹤顶兰

尖囊蝴蝶兰

081 蝴蝶兰属
Phalaenopsis Blume

　　附生兰，肉质根发达，长而扁；茎短，具少数近基生的叶。叶质地厚，扁平，椭圆形、长圆状披针形至倒卵状披针形，通常较宽。花序侧生于茎的基部，直立或斜出，分枝或不分枝，具少数至多数花；花小至大，十分美丽，萼片近等大，离生；花瓣通常近似萼片而较宽阔，基部收狭或具爪；唇瓣基部具爪，贴生于蕊柱足末端，3裂；唇盘在两侧裂片之间或在中裂片基部常有肉凸或附属物；花粉团蜡质，2个，近球形，具粘盘和粘盘柄。

　　全属约40～45种，分布于亚洲热带地区，我国有12种，其中4种为特有种，西双版纳产4种。

尖囊蝴蝶兰 易危VU　易危VU
Phalaenopsis braceana (J.D. Hooker) Christenson
花期5～6月，附生于海拔1150～1700m的林中树干上。

尖囊蝴蝶兰

囊唇蝴蝶兰

囊唇蝴蝶兰 濒危EN
Phalaenopsis gibbosa H.R. Sweet
花期1～2月，附生于海拔1100～1250m的石灰山森林树干上。

小尖囊蝴蝶兰 易危VU 濒危EN
Phalaenopsis taenialis (Lindley) Christenson & Pradhan
花期6月，附生于海拔1100～2200m的林中树干上。

版纳蝴蝶兰 濒危EN 极危CR
Phalaenopsis mannii H.G. Reichenbach
花期3～4月，附生于海拔900～1400m的林中树干上。

版纳蝴蝶兰

小尖囊蝴蝶兰

节茎石仙桃

节茎石仙桃

石仙桃

石仙桃

082 石仙桃属
Pholidota Lindley ex Hooker

　　附生兰，通常具根状茎和假鳞茎，假鳞茎密生或疏生于根状茎上，叶1～2枚生于假鳞茎顶端。总状花序生于假鳞茎顶端，常多少弯曲，数朵或多朵花；花小，常不完全张开；萼片相似，常多少凹陷，侧萼片背面一般有龙骨状凸起；花瓣通常小于萼片，唇瓣凹陷或仅基部凹陷成浅囊状，不裂或罕有3裂，唇盘上有时有粗厚的脉或褶片，无距；花粉团4个，蜡质，近等大，成2对，共同附着于黏质物上。

　　全属约30种，分布于亚洲热带和亚热带地区，南至澳大

节茎石仙桃 易危VU　无危LC
Pholidota articulata Lindley
花期6～8月，附生于海拔800～2300m的林中树干或岩石上。

石仙桃 近危NT　无危LC
Pholidota chinensis Lindley
花期4～5月，附生于海拔1500m左右的常绿阔叶林树干上或

宿苞石仙桃

宿苞石仙桃

粗脉石仙桃

宿苞石仙桃 易危VU 无危LC

Pholidota imbricata Hooker

花期7～9月，附生于海拔1000～2300m的林中树干或岩石上。

粗脉石仙桃 易危VU 无危LC

Pholidota pallida Lindley

花期6～7月，附生于海拔1300～2000m的林中树干上。

凹唇石仙桃 易危VU 无危LC

Pholidota convallariae (E.C. Parish & H.G. Reichenbach) J.D. Hooker

花期8～10月，附生于海拔约1500m的常绿阔叶林树干上。

凹唇石仙桃

粗脉石仙桃

083 独蒜兰属
Pleione D.Don

　　附生、半附生或地生兰，假鳞茎一年生，常较密集，叶脱落后顶端通常有皿状或浅杯状的环。叶1～2枚，生于假鳞茎顶端，通常纸质，多少具折扇状脉，一般在冬季凋落。花序从老的鳞茎基部发出，直立，具1～2花；花大，一般较艳丽，萼片离生，相似；花瓣与萼片等长，略狭于萼片；唇瓣明显大于萼片，不裂或不明显3裂，基部收狭，上部边缘啮蚀状或撕裂状，上面具2至数条纵褶片或沿脉具流苏状毛；花粉团4个，蜡质，每2个成一对。

　　全属约26种，主要产于我国秦岭山脉以南，西至喜马拉雅地区，南至缅甸、老挝和泰国。我国有23种，其中12种为特有种，西双版纳产1种。

疣鞘独蒜兰 易危VU　易危VU
Pleione praecox (Smith) D.Don
花期9～12月，生于海拔1200～2300m的林中树干上或苔藓覆盖的岩石或岩壁上。

疣鞘独蒜兰

084 柄唇兰属
Podochilus Blume

　　附生兰，茎纤细，丛生，具多数小叶。叶二列互生，扁平或有时两侧内弯，具关节。总状花序顶生或侧生，通常较短，具少数花；花小，常不甚张开，萼片离生或多少合生，侧萼片基部宽阔并着生于蕊柱足上，形成萼囊；花瓣一般略小于中萼片，唇瓣着生于蕊柱足末端，通常不裂，近基部具附属物；花粉团4个，蜡质，常为狭倒卵形，分离，下部渐狭为花粉团柄，共同附着于一个粘盘上。

　　全属共约60种，分布于热带亚洲至太平洋岛屿。我国有2种，西双版纳产1种。

柄唇兰 近危NT　易危VU
Podochilus khasianus J. D. Hooker
花期7～9月，附生于海拔850～1900m的林中或溪谷旁树干上。

柄唇兰

085 多穗兰属
Polystachya Hooker

附生兰，茎短，有时基部形成块状或其他形状的小假鳞茎，具1至数枚叶。叶2列，基部有关节。花序顶生，不分枝或分枝，具多数花；花较小或有时中等大，不扭转；中萼片离生，侧萼片基部与蕊柱足合生成萼囊；花瓣与中萼片相似或较狭，唇瓣位于上方，不裂或3裂，基部着生于蕊柱足末端，具关节，无距，唇盘上常有粉质毛；花粉团4个，每不等大的2个成一对，蜡质，具粘盘柄和粘盘。

全属约200种，主要分布于非洲热带地区，仅1种见于亚洲热带地区，西双版纳有分布。

多穗兰 易危VU 近危NT
Polystachya concreta (Jacquin) Garay & H.R. Sweet
花期8～9月，附生于海拔700～1500m常绿阔叶林或灌丛中树上。

多穗兰

086 鹿角兰属
Pomatocalpa Breda

附生草本，茎短或伸长；叶二列，扁平，狭长，先端钝并且具不等侧2裂；花序在茎上侧生，下垂或斜立，比叶长或短，密生许多小花；花不扭转，开展，萼片和花瓣相似；唇瓣位于上方，3裂；侧裂片小，直立，三角形；中裂片肉质，前伸或下弯；距囊状；花粉团蜡质，4个，每不等大的2个为一对，具粘盘和粘盘柄。

全属约30种，分布于热带亚洲和太平洋岛屿，我国分布有2种，西双版纳产1种。

台湾鹿角兰 濒危EN 濒危EN
Pomatocalpa undulatum (Lindley) J. J. Smith subsp. *acuminatum* (Rolfe) S. Watthana & S. W. Chung
花期3～4月，附生于800～1200m的林中树干上。

台湾鹿角兰

盾柄兰

盾柄兰

087 盾柄兰属
Porpax Lindley

　　附生兰，假鳞茎密集，扁球形，外被白色的膜质鞘，具网状脉或其他脉纹。叶2枚，生于假鳞茎顶端，花后出叶或花叶同时存在。花葶从假鳞茎顶端或基部穿鞘而出，常单花，罕有2～3花；花常带红色，3枚萼片不同程度地合生成萼管，其中2枚侧萼片合生至上部或完全合生，基部与蕊柱足合生成短囊状，中萼片与侧萼片之间至少在下部合生；花瓣通常略小而短，有时有毛；唇瓣很小，完全藏于萼筒之内，基部着生于蕊柱足末端，上部外弯；花粉团8个，蜡质，每4个着生于1个粘盘上。

　　全属约11种，分布于亚洲热带地区。我国有1种，西双版纳有分布。

盾柄兰 易危VU　无危LC
Porpax ustulata (E.C. Parish & H.G. Reichenbach) Rolfe
花期5～6月，附生于海拔1150～1800m的林中树干或岩石上。

088 长足兰属
Pteroceras Hasselt ex Hasskarl

　　附生兰，茎短或稍伸长，叶数枚，扁平、先端尖或稍2裂。总状花序侧生或从叶丛中发出，直立或下垂，1至数个，比叶短，不分枝，具少数至多数花；花小，开展，萼片和花瓣伸展，侧萼片常歪斜，其基部多少着生于蕊柱足上，花瓣比萼片狭；唇瓣3裂，侧裂片直立，较大，中裂片肉质，很短小，基部具袋状或囊状的距；花粉团蜡质，2个，近球形。

　　全属约20种，分布于东南亚各国。我国有2种，西双版纳内产1种。

长足兰 易危VU　濒危EN
Pteroceras leopardinum (E.C. Parish & H.G. Reichenbach) Seidenfaden & Smitinand
花期5月。生于海拔950～1300m的林中树干上。

长足兰

089 钻喙兰属
Rhynchostylis Blume

　　附生兰，茎粗壮，具肥厚的根。叶二列，多数，肉质状肥厚，先端钝、不等侧2圆裂或具牙齿状缺刻。总状花序在茎上侧生，下垂或斜立，密生许多花；萼片和花瓣相似，但通常侧萼片较宽而多少歪斜，花瓣较狭；唇瓣贴生于蕊柱足末端，不裂和稍3裂，基部具距；花粉团蜡质，2个，球形，具粘盘和粘盘柄。

　　全属约3～4种，广泛分布于亚洲热带地区。我国有2种，西双版纳产1种。

钻喙兰 濒危EN 濒危EN
Rhynchostylis retusa (Linnaeus) Blume
花期5～6月，附生于海拔700～1400m的林中树干上。

钻喙兰

寄树兰

090 寄树兰属
Robiquetia Gaudichaud

　　附生兰，茎质地坚硬，伸长，常下垂，有时分枝；叶扁平，长圆形，先端钝并且不等侧2裂。花序常与叶对生，斜出或下垂，分枝或不分枝，密生许多小花；花半张开，萼片相似，花瓣比萼片小，唇瓣肉质，3裂，距圆筒形；花粉团蜡质，2个，近球形，具粘盘和粘盘柄。

　　全属约40种，分布于东南亚至澳大利亚和太平洋岛屿。我国有2种，西双版纳产1种。

寄树兰 易危VU 无危LC
Robiquetia succisa (Lindley) Seidenfaden & Garay
花期7～9月，附生于海拔570～1150m的林中树干或岩石上。

大喙兰

091　大喙兰属
Sarcoglyphis Garay

大喙兰

附生兰，茎短，具多数叶，叶稍肉质，扁平，狭长圆形，先端钝且不等侧2裂。花序从茎下部叶腋中长出，下垂，分枝或不分枝，疏生多数小花；花开展，萼片和花瓣近相似，唇瓣3裂，贴生于合蕊柱基部；距近圆锥形，内面具隔膜并且在背壁上方具1胼胝体；蕊喙大，先端细尖而浅2裂；花粉团蜡质，扁球形，4个，分离，每个具1条弹丝状的短柄，附着于粘盘柄上。

全属约11种。分布于东南亚各国。我国有2种，西双版纳都有分布。

大喙兰　易危VU　无危LC
Sarcoglyphis smithiana (Kerr) Seidenfaden
花期4～5月，附生于海拔550～1100m的林中树干或石壁上。

092　匙唇兰属
Schoenorchis Blume

圆叶匙唇兰

匙唇兰

附生兰，茎短或伸长，有时分枝。叶肉质，扁平而狭长或对折呈半圆柱形或中下部呈"V"字形。总状花序或圆锥花序，具多数小花；花肉质，不甚开展，萼片近相似，花瓣比萼片小；唇瓣厚肉质，3裂，侧裂片直立，中裂片较大，常呈匙形，基部具圆筒形或椭圆状长圆筒形的距；花粉团蜡质，近球形，4个，每不等大的2组成一对，具粘盘和粘盘柄。

全属约24种，分布于热带亚洲至澳大利亚和太平洋岛屿。我国有3种，西双版纳产2种。

圆叶匙唇兰　濒危EN　无危LC
Schoenorchis tixieri (Guillaumin) Seidenfaden
花期9～10月，附生于海拔900～1400m的林中树干上。

匙唇兰　近危NT　无危LC
Schoenorchis gemmata (Lindley) J. J. Smith
花期4～6月，附生于海拔850～2000m的林中树干上。

匙唇兰

093 苞舌兰属
Spathoglottis Blume

地生兰,无根状茎,具卵球形或球状的假鳞茎,顶生1~5枚叶。叶狭长,先端渐尖,具折扇状脉。总状花序生于假鳞茎基部,直立,不分枝,疏生少数花;花中等大,逐渐开放;萼片相似,背面被毛,花瓣与萼片相似而常较宽;唇瓣无距,贴生于合蕊柱基部,3裂,侧裂片近直立,两裂片之间常凹陷呈囊状;中裂片具爪,爪与侧裂片连接处具附属物或龙骨状凸起;花粉团8个,蜡质,狭倒卵形,近等大,每4个为一群,共同附着于1个三角形的粘盘上。

全属约46种,分布于热带亚洲至澳大利亚和太平洋岛屿。我国有3种,西双版纳产1种。

苞舌兰 易危VU 无危LC
Spathoglottis pubescens Lindley
花期7~10月,生于海拔800~1700m的山坡草丛中或疏林下。

苞舌兰

094 绥草属
Spiranthes Richard

地生兰,肉质指状根数条簇生。叶基生,多少肉质,线形。总状花序顶生,具多数密生的小花,似穗状,常呈螺旋状扭转排列;花小,不完全展开;萼片离生,近相似,中萼片直立,常与花瓣靠合呈兜状,侧萼片基部常下延而胀大,有时呈囊状;唇瓣基部凹陷,常有2枚胼胝体,不裂或3裂,边缘皱波状;花粉团2个,粒粉质,具短的花粉团柄和狭的粘盘。

全属约50种,主要分布于北美洲。我国有3种,其中2种为特有种,西双版纳产1种。

绥草 无危LC 无危LC
Spiranthes sinensis (Persoon) Ames
花期7~8月,生于海拔800~2300m的林下、灌丛中、草地或河滩沼泽草甸中。

绥草

掌唇兰

掌唇兰

小掌唇兰

095 掌唇兰属
Staurochilus Ridley ex Pfitzer

附生兰，茎直立，具多数节和多数二列的叶。叶狭长，先端不等侧2裂。花序侧生，常斜立，约等于或长于叶，分枝或不分枝，疏生数朵至多数花；花中等大，开展，萼片和花瓣相似而伸展，但花瓣较小；唇瓣肉质，牢固贴生于合蕊柱基部，3～5裂，侧裂片直立，中裂片上面或两侧裂片之间密生毛，基部具囊状的距；花粉团蜡质，4个，近球形，每不等大的2个成一对，或2个而每个分裂为不等大的2片，具粘盘和粘盘柄。

全属约14种，分布于印度至东南亚各国。我国有3种，

掌唇兰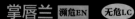
Staurochilus dawsonianus (H.G. Reichenbach) Schlechter
花期5～7月，附生于海拔560～780m的林缘树干上。

小掌唇兰 易危VU 无危LC
Staurochilus loratus (Rolfe ex Downie) Seidenfaden
花期1～3月，附生于海拔700～1420m的林中树干上。

肉药兰

096 肉药兰属
Stereosandra Blume

腐生兰，具纺锤状块茎，茎直立，具节，多少肉质，无绿叶。总状花序顶生，数朵至10余朵花，花小，不甚张开，常下垂；萼片与花瓣离生，相似；唇瓣与花瓣相似，但较宽，不裂，凹陷，边缘波状且内弯，基部具2枚胼胝体，无距；花粉团2个，粒粉质，具1个共同的花粉团柄，无粘盘。

单种属，主要分布于东南亚各国至新几内亚岛，北至我国南部和琉球群岛，西双版纳也有分布。

肉药兰 濒危EN 无危LC
Stereosandra javanica Blume
花期5～6月，生于海拔1200m以下的林下。

黄花大苞兰

黄花大苞兰（黄色）

097 大苞兰属
Sunipia Lindley

附生兰，根状茎匍匐，伸长，假鳞茎疏生或近聚生在根状茎上，顶生1枚叶。总状花序侧生于假鳞茎基部，具少数至多数花，花小；萼片相似，两侧萼片靠近唇瓣一侧的边缘彼此多少黏合而位于唇瓣之下向前伸展；花瓣比萼片小，唇瓣不裂或不明显3裂，常舌形，比花瓣长，基部贴生于蕊柱足末端而形成不活动的关节；花粉团蜡质，4个，近球形，等大，每2个成一对，每对具1个粘盘和粘盘柄。

全属约20种，分布于东南亚各国。我国有11种，其中1种为特有种，西双版纳产7种。

黄花大苞兰 易危VU 无危LC
Sunipia andersonii (King & Pantling) P. F. Hunt
花期9～10月，附生于海拔700～1700m的林中树干或岩壁上。

黄花大苞兰（紫色）

绿花大苞兰 易危VU

Sunipia annamensis (Ridley) P. F. Hunt

花期10～12月，附生于1800～2300m的林中树干上。

二色大苞兰 易危VU   易危VU

Sunipia bicolor Lindley

花期7～11月，附生于海拔1900～2300m的林中树干或岩石上。

白花大苞兰 易危VU   无危LC

Sunipia candida (Lindley) P. F. Hunt

花期7～8月，附生于海拔1900～230的林中树干上。

绿花大苞兰

二色大苞兰

白花大苞兰

大花大苞兰

淡黑大苞兰

大花大苞兰 濒危EN
Sunipia grandiflora (Rolfe) P.F. Hunt
花期11～12月，附生于海拔约1600m的林中树干上。

淡黑大苞兰 易危VU
Sunipia nigricans Averyanov
花期3～4月，附生于海拔1200～1700m的林中树干上。

大苞兰 易危VU 无危LC
Sunipia scariosa Lindley
花期3～4月，附生于海拔870～2300m的林中树干或岩壁上。

大苞兰

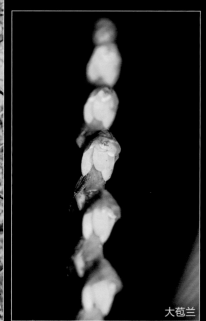

大苞兰

带叶兰

带叶兰

098 带叶兰属
Taeniophyllum Blume

附生兰，茎短，几不可见，无绿叶，具长而伸展的气生根。气生根圆柱形、扁圆柱形或扁平，紧贴于树干表面，雨季常呈绿色，旱季时浅白色或淡灰色。总状花序直立，具少数花，花序柄和花序轴很短；花小，通常仅开放约一天，萼片和花瓣离生或中部以下合生成筒；唇瓣不裂或3裂，着生于蕊柱基部，基部具距；花粉团蜡质，4个、等大或不等大，彼此分离，具粘盘和粘盘柄。

全属约120～180种，主要分布于热带亚洲和大洋洲，向北到达我国南部和日本。我国有3种，其中1种为特有种，西双版纳产2种。

带叶兰 易危VU 易危VU
Taeniophyllum glandulosum Blume
花期4～7月，附于海拔680～1100m的林中树干上。

兜唇带叶兰 易危VU 易危VU
Taeniophyllum pusillum (Willdenow) Seidenfaden & Ormerod
花期3～5月，附生于海拔700～1150m的林缘树干上。

兜唇带叶兰

心叶带唇兰

心叶带唇兰

099 带唇兰属
Tainia Blume

地生兰，根状茎横生，具密布灰白色长茸毛的肉质根；假鳞茎肉质，卵球形或狭卵状圆柱形，顶生1枚叶。叶大，纸质，折扇状，具长柄。总状花序侧生于假鳞茎基部，直立，不分枝，具少数至多数花；花中等大，开展；萼片和花瓣相似，侧萼片贴生于合蕊柱基部或蕊柱足上；唇瓣贴生于合蕊柱足末端，直立，基部具短距或浅囊，不裂或前部3裂；花粉团8个，蜡质，倒卵形至压扁的哑铃形，每4个为一群，无明显的花粉团柄和粘盘。

全属约32种，分布于热带喜马拉雅东至日本南部，南至东南亚和邻近岛屿。我国有13种，其中2种为特有种，西双版纳产6种。

心叶带唇兰 濒危EN 无危LC
Tainia cordifolia J.D. Hooker
花期5~7月，生于海拔800~1500m的林下阴湿处。

狭叶带唇兰 濒危EN 无危LC
Tainia angustifolia (Lindley) Bentham & J.D. Hooker
花期9~10月，生于海拔1050~1200m的林下山坡。

狭叶带唇兰

阔叶带唇兰

卵叶带唇兰

卵叶带唇兰

阔叶带唇兰 易危VU 无危LC
Tainia latifolia (Lindley) H.G. Reichenbach
花期3月，生于海拔700～1400m的林下山坡。

卵叶带唇兰 极危CR 濒危EN
Tainia longiscapa (Seidenfaden ex H. Turner) J.J.
Wood & A.L. Lamb
花期3月，生于海拔600～1200m的林下岩石边。

高褶带唇兰 易危VU 易危VU
Tainia viridifusca (Hooker) Bentham & J.D. Hooker
花期4～5月，生于海拔1500～2000m的林下。

高褶带唇兰

阔叶带唇兰

泰兰

100 泰兰属
Thaia Seidenfaden

地生兰，假鳞茎肉质，卵球形，茎可达80cm，叶2～4枚，纸质，折扇状。总状花序具多数花，花从基部依次往上开；花黄绿色，萼片分离，几乎相等，侧萼片与唇瓣基部合生成囊；花瓣较萼片窄，唇瓣不裂，反折，与蕊柱足之间有活动的关节相连，唇盘上具2个片状的褶片，基部呈齿状；花粉团2个，棒状，粉粒质，没有粘盘。

全属仅1个种，分布于泰国、老挝和我国云南东南部至南部，西双版纳也有分布。

泰兰 濒危EN
Thaia saprophytica Seidenfaden
花期9～10月，生于海拔约1200m的石灰山森林林下。

101 矮柱兰属
Thelasis Blume

附生兰，具假鳞茎或缩短的茎。叶1～2枚，生于假鳞茎顶端。总状花序或穗状花侧生于假鳞茎或短茎基部，通常较细长，具多数花；花很小，几乎不张开，萼片相似，靠合，仅先端分离，侧萼片背面常有龙骨状突起；花瓣略小于萼片，唇瓣不裂，多少凹陷，着生于合蕊柱基部；花粉团8个，每4个为一群，蜡质，共同连接于一个细长而上部扩大的花粉团柄上。

全属约20种，分布于亚洲热带地区。我国有2种，西双版纳产1种。

矮柱兰 近危NT 无危LC
Thelasis pygmaea (Griffith) Blume
花期4～10月，附生于海拔800～2000m的林中树干或岩石上。

矮柱兰

102 白点兰属
Thrixspermum Loureiro

附生兰,茎上举或下垂,有时匍匐状。叶扁平,密生而斜立于短茎或较疏散地互生在长茎上。总状花序侧生于茎,单个或数个,具少数至多数花;花小至中等大,逐渐开放;萼片和花瓣多少相似;唇瓣贴生在蕊柱足上,3裂,侧裂片直立,中裂片较厚,基部囊状或距状;花粉团蜡质,4个,近球形,每不等大的2个成一群,具粘盘和粘盘柄。

全属约100种,分布于热带亚洲至大洋洲。我国有14种,其中2种为特有种,西双版纳产3种。

白点兰 近危NT 无危LC
Thrixspermum centipeda Loureiro
花期6～7月,附生于海拔700～1150m的林中树干上。

同色白点兰 易危VU 濒危EN
Thrixspermum trichoglottis (J. D. Hooker) Kuntze
花期3月,附生于海拔700～800m的林中树干上。

吉氏白点兰 濒危EN
Thrixspermum tsii W. H. Chen & Y. M. Shui
花期5～6月,附生于海拔900～1500m的林中树干或石壁上。

白点兰

同色白点兰

吉氏白点兰

笋兰

103 笋兰属
Thunia H.G. Reichenbach

地生或附生兰，通常较高大，具粗短根状茎，茎常数个簇生，具多数叶。叶通常较薄而大，薄纸质或近草质，花后凋落。总状花序顶生，具数朵花，花大，艳丽，质薄，常俯垂；萼片与花瓣离生，相似，但花瓣一般略狭小；唇瓣较大，贴生于合蕊柱基部，不裂，两侧上卷并围抱合蕊柱，基部具囊状短距，唇盘上常有5～7条纵褶片；花粉团8或4个，蜡质，无明显的花粉团柄，但向下方渐狭，共同附着于黏性物质上。

全属约6种，分布于东南亚各国。我国有1种，西双版纳有分布。

笋兰 近危NT 易危VU
Thunia alba (Lindley) H.G. Reichenbach
花期6～7月，半附生于海拔1200～2300m的林下岩石上或树杈上。

阔叶竹茎兰

104 竹茎兰属
Tropidia Lindley

地生兰，根状茎较短，茎较坚挺，状如细竹茎，直立，分枝或不分枝。叶疏散地生于茎上或较密集地聚生于茎上端，折扇状。花序顶生或从茎上部叶腋发出，较短，不分枝，数朵或10余朵花；萼片离生或侧萼片多少合生并围抱唇瓣；花瓣离生，与萼片相似或略小；唇瓣通常不裂，略短于萼片，基部凹陷成囊状或有距，多少围抱合蕊柱；花粉团2个，粒粉质，具细长的花粉团柄和盾状粘盘。

全属约有20种，分布于亚洲热带地区至太平洋岛屿。我国有7种，其中3种为特有种，西双版纳产3种。

阔叶竹茎兰 近危NT 濒危EN
Tropidia angulosa (Lindley) Blume
花期9月，生于海拔600～1800m的林下。

短穗竹茎兰 近危NT 无危LC
Tropidia curculigoides Lindley
花期6～8月，生于海拔550～1000m的林下或沟谷阴湿处。

竹茎兰 易危VU 无危LC
Tropidia nipponica Masamune
花期6月，生于海拔800～1000m的林下阴湿处或竹林中。

短穗竹茎兰

竹茎兰

105 万代兰属
Vanda Jones ex R. Brown

附生兰，茎直立或斜立，粗壮，质地坚硬。叶扁平，常狭带状，二列，彼此紧靠，先端具不整齐的缺刻或啮蚀状。总状花序从叶腋发出，斜立或近直立，疏生少数至多数花，花大或中等大，艳丽，通常质地较厚；萼片和花瓣近似，或萼片较大，基部收狭而扭曲，边缘多少皱波状，有时伸展，多数具方格斑纹；唇瓣贴生在不明显的蕊柱足末端，3裂；侧裂片小，直立，基部下延并且与中裂片基部共同形成短距；花粉团蜡质，近球形，2个，具粘盘和粘盘柄。

全属约40种，主要分布于亚洲热带地区。我国有10种，其中1个特有种，西双版纳产6种。

大花万代兰 濒危EN 濒危EN
Vanda coerulea Griffith ex Lindley
花期10～11月，附生于海拔1000～1600m的林中树干上。

大花万代兰

白柱万代兰

白柱万代兰 濒危EN 无危LC
Vanda brunnea H.G. Reichenbach
花期3～4月，附生于海拔800～1800m的林中树干上。

小蓝万代兰 濒危EN 易危VU
Vanda coerulescens Griffith
花期3～4月，附生于海拔700～1600m的林中树干上。

小蓝万代兰

矮万代兰

叉唇万代兰

矮万代兰 易危VU 濒危EN

Vanda pumila J.D. Hooker
花期3～5月，附生于海拔900～1800m的林中树干上。

叉唇万代兰 濒危EN 易危VU

Vanda cristata Lindley
花期5月，附生于海拔700～1650m的林中树干上。

琴唇万带兰 濒危EN 濒危EN

Vanda concolor Blume
花期4～5月，附生于海拔800～1200m的林缘树干或岩壁上。

琴唇万带兰

琴唇万带兰

拟万代兰

106 拟万代兰属
Vandopsis Pfitzer

　　附生兰，茎粗壮，伸长，具多数叶。叶肉质或革质，二列，先端具缺刻。花序侧生于茎，长或短，近直立或下垂，通常不分枝，具多数花；花大，萼片和花瓣相似，唇瓣比花瓣小，着生于合蕊柱基部，基部凹陷呈半球形或兜状，3裂；花粉团蜡质，近球形，2个，每个劈裂为不等大的2爿，或4个，每不等大的2个组成一对，具粘盘和粘盘柄。

　　全属约5种，分布于东亚至东南亚各国。我国有2种，西双版纳都有分布。

拟万代兰 濒危EN 濒危EN
Vandopsis gigantea (Lindley) Pfitzer
花期3～4月，附生于海拔800～1700m的林中大乔木树干上。

白花拟万代兰 易危VU 濒危EN
Vandopsis undulata (Lindley) J. J. Smith
花期5～6月，附生于海拔1500～2300m的林中大乔木树干上或山坡灌丛中岩石上。

白花拟万代兰

107 香荚兰属
Vanilla Plumier ex P. Miller

攀援藤本，长可达十余米，茎肥厚或肉质，每节生1枚叶和1条气生根。叶大，肉质。总状花序生于叶腋，数花至多花，花通常较大，萼片与花瓣相似，离生，展开；唇瓣下部边缘常与合蕊柱边缘合生，有时合生部分达整个合蕊柱长度，因而唇瓣常呈喇叭状，前部不合生部分常扩大，有时3裂，唇盘上一般有附属物，无距；花粉团2或4个，粒粉质或十分松散，不具花粉团柄或粘盘。

全属约70种，分布于全球热带地区。我国有4种，其中2种为特有种，西双版纳产1种。

大香荚兰 濒危EN 易危VU
Vanilla siamensis Rolfe ex Downie
花期6～8月，生于海拔约800～1200m的林中，沿大树树干或石壁攀援生长。

大香荚兰

108 线柱兰属
Zeuxine Lindley

地生兰，根状茎常伸长，匍匐，肉质，具节，节上生根。茎直立，圆柱形。叶互生，多少肉质，上面绿色或沿中肋具1条白色的条纹，部分种的叶在花开放时凋萎。总状花序顶生，具少数或多数花，后者似穗状花序；花小，几乎不张开，萼片离生，背面被毛或无毛，中萼片凹陷，与花瓣黏合呈兜状；侧萼片围着唇瓣基部，花瓣与中萼片近等长，较萼片薄；唇瓣基部与合蕊柱贴生，凹陷呈囊状，中部收狭成爪，爪通常很短，前部扩大，多少成2裂，叉开；花粉团2个，每个多少纵裂为2，粒粉质，具很短的花粉团柄，共同具1个粘盘。

全属约80种，分布于从非洲热带至亚洲热带和亚热带地区。我国有14种，其中2个特有种，西双版纳产6种。

大花线柱兰 易危VU 无危LC
Zeuxine grandis Seidenfaden
花期2～4月，生于海拔800～1200m的林下水沟边。

宽叶线柱兰 近危NT 无危LC
Zeuxine affinis (Lindley) Bentham ex J. D. Hooker
花期2～4月，生于海拔800～1700m的山坡或沟谷林下阴湿处。

大花线柱兰

宽叶线柱兰

白花线柱兰

芳线柱兰

白花线柱兰 无危LC

Zeuxine parvifolia (Ridley) Seidenfaden

花期2～4月，生于海拔600～1700m的林下阴湿处或岩石缝隙中。

芳线柱兰 近危NT 无危LC

Zeuxine nervosa (Wallich ex Lindley) Trimen

花期2～3月，生于海拔550～800m的林下阴湿处。

线柱兰 近危NT 无危LC

Zeuxine strateumatica (Linnaeus) Schlechter

花期5～11月，生于海拔550～1700m的河沟边。

线柱兰

References | 参考文献

白毓谦, 方善康, 高东, 施安辉. 1987. 微生物实验技术[M]. 济南: 山东大学出版社.

陈红伟, 张俊, 王平盛, 矣宾, 宋维希, 杨兴荣. 2003. 澜沧景迈古茶山考察与研究[J]. 茶叶通报, 25(3): 105-106.

陈玲玲, 高江云. 2011. 芳香石豆兰的繁殖生态学[J]. 植物生态学报, 35(11): 1202-1208.

陈心启, 罗毅波. 2003. 中国几个植物类群的研究进展 I. 中国兰科植物研究的回顾与前瞻[J]. 植物学报, 45:2-20.

陈之林, 叶秀粦, 梁承邺, 段俊. 2004. 杏黄兜兰和硬叶兜兰的种子试管培养[J]. 园艺学报, 31(4): 540-542.

邓莲, 张毓, 王苗苗, 赵世伟. 2012. 濒危兰科植物大花杓兰种子非共生萌发的研究[J]. 种子, 31(6): 31-34.

段金玉, 谢亚红. 1982. 在无菌条件下, 激素和种子处理对兰属十种植物种子萌发的影响[J]. 云南植物研究, 4(2): 197-201.

冯耀宗, 汪汇海, 龙乙明, 张家和. 1982. 热带人工多层多种植物群落与光、水、土的合理利用[M]. 热带植物研究论文报告集. 昆明: 云南人民出版社. 42-55.

高江云. 1996. 西双版纳石斛资源的保护利用[J]. 园艺学报, 23(2): 160-164.

胡爱群, 叶德平, 邢福武. 2008. 中国兰科植物新资料[J]. 植物研究, 28(2): 143-146.

胡超, 田怀珍, 董全英. 2012. 中国兰科植物一新记录种——丽蕾金线兰[J]. 热带亚热带植物学报, 20(6): 602-604.

黄家林, 胡虹. 2001. 黄花杓兰种子无菌萌发的培养条件研究[J]. 云南植物研究, 23 (1): 105-108.

吉占和, 陈心启. 1995. 云南西双版纳兰科植物[J]. 植物分类学报, 33(3): 281-296.

蒋会兵, 汪云刚, 唐一春. 2009. 野生茶树大理茶种质资源现状调查[J]. 西南农业学报, 22(4): 1153-1157.

蒋志刚, 罗振华. 2012. 物种受威胁状况评估: 研究进展与中国的案例[J]. 生物多样性, 20(5): 612-622.

金效华, 陈心启. 2007. 中国兰科植物三新记录种[J]. 云南植物研究, 29(2): 169-170.

金效华, 李恒, 李德铢. 2007a. 中国兰科植物资料增补[J]. 植物分类学报, 45(6): 796-807.

金效华, 李恒, 李德铢. 2007b. 中国兰科植物四个新记录种[J]. 云南植物研究, 29(4): 393-394.

柯海丽, 宋希强, 谭志琼, 刘红霞, 罗毅波. 2007. 兰科植物种子原地共生萌发技术及应用前景[J]. 林业科学, 43(5): 125-129.

李剑武, 陶国达, 刘强. 2011. 中国兰科一新记录属——袋距兰属[J]. 植物分类与资源学报, 33(6): 643-644.

李剑武, 叶德平, 刘强, 殷建涛. 2013. 中国兰科二新记录种[J]. 植物分类与资源学报, 35(2): 128-130.

李琳, 叶德平, 李剑武, 邢福武. 2009. 中国兰科植物一新记录种及一新异名[J]. 热带亚热带植物学报, 17(3): 295-297.

李琳, 叶德平, 李剑武, 邢福武. 2011. 中国石豆兰属（兰科）二新记录[J]. 热带亚热带植物学报, 19(2): 149-151.

刘虹, 罗毅波, 刘仲健. 2013. 以产业化促进物种保护和可持续利用的新模式: 以兰花为例[J]. 生物多样性, 21(1): 132-135.

刘宏茂, 许再富, 段其武, 许又凯. 2001. 运用傣族的传统信仰保护西双版纳植物多样性的探讨[J]. 广西植物, 21(2): 173-176.

刘宏茂, 许再富, 陶国达. 1992. 西双版纳傣族"龙山"的生态学意义[J]. 生态学杂志, 11(2): 41-43.

刘强, 李剑武, 殷建涛, 谭运洪, 文彬, 黄文, 殷寿华. 2012. 中国兰科玉凤花属一新记录种——勐远玉凤花[J]. 广西植物, 32(4): 440-441.

刘仲健, 刘可为, 陈利君, 雷嗣鹏, 李利强, 施晓春, 黄来强. 2006. 濒危物种杏黄兜兰的保育生态学[J]. 生态学报, 26(9): 2791-2800.

龙春林, 王洁如, 李延辉, 裴盛基. 1997a. 西双版纳的传统茶园系统//龙春林, 王洁如, 李延辉, 裴盛基. 西双版纳轮歇农业生态系统生物多样性研究论文报告集[M]. 昆明: 云南教育出版社. 57-64.

龙春林, 李延辉, 王洁如, 裴盛基. 1997b. 基诺族传统茶园的结构、功能及其对生物多样性的影响// 龙春林, 李延辉, 王洁如, 裴盛基. 西双版纳轮歇农业生态系统生物多样性研究论文报告集[M]. 昆明: 云南教育出版社. 74-83.

罗向前, 李思颖, 王家金, 陈啸云, 梁名志, 周玉忠, 蒋会兵. 2013. 西双版纳古茶树资源调查[J]. 西南农业学报, 26(1): 46-50.

罗毅波, 贾建生, 王春玲. 2003. 中国兰科植物保育的现状和展望[J]. 生物多样性, 11(1): 70-77.

裴盛基. 2011. 民族文化与生物多样性保护[J]. 中国科学院院刊, 26(2): 190-196.

齐丹卉. 2005. 景迈古茶园生物多样性评价与群落结构研究[D]. 北京: 中国科学院研究生院.

齐丹卉, 郭辉军, 崔景云, 盛才余. 2005. 云南澜沧县景迈古茶园生态系统植物多样性评价[J]. 生物多样性, 13(3): 221-231.

盛春玲. 2012. 几种附生兰科植物种子的原地和迁地共生萌发研究[D]. 北京: 中国科学院研究生院.

盛春玲, 李勇毅, 高江云. 2012. 硬叶兰种子的迁地共生萌发及有效共生真菌的分离和鉴定[J]. 植物生态学报, 36(8): 859-869.

王娣, 贾书华, 张兆轩, 蔡永萍, 林毅. 2007. 霍山石斛内生真菌分离、培养及其促生作用的初步研究[J]. 菌物研究, 5(2): 84-88.

王洪, 朱华, 李保贵. 1997. 西双版纳石灰岩山森林植被[J]. 广西植物, 17: 101–117.

王红梅. 2011. 活性炭在植物组织培养中的应用[J]. 上海农业科技, 4: 19–21.

王芬, 徐步青, 刘幸佳, 夏国华, 崔永一. 2013. 春兰种子无菌播种萌发过程及其影响因素[J]. 浙江农林大学学报, 30(1): 136–140.

汪松, 解炎. 2004. 中国物种红色名录(第一卷)[M]. 北京: 高等教育出版社.

王艳, 潘扬, 马国祥. 1995. 西双版纳地区的石斛资源调查及鉴定[J]. 中国野生植物资源, 2(3): 41–43.

徐程, 詹忠根, 张铭. 2002. 中国兰的组织培养[J]. 植物生理学通讯, 38(2): 171–174.

许玫, 王平盛, 唐一春, 宋维希, 矣兵, 陈玫. 2006. 中国云南古茶树群落的分布和多样性[J]. 西南农业学报, 19 (1): 123–126.

许再富, 刘宏茂. 1995. 西双版纳傣族贝叶文化与植物多样性保护[J]. 生物多样性, 3(3): 174–179.

余东莉, 张培松, 范萍, 郭琼芝. 2006. 西双版纳金线莲分布及利用现状[J]. 林业调查规划, 31(5): 97–99.

赵莉娜, 覃海宁. 2011. IUCN红色名录标准是评估物种绝灭风险的最佳系统[J]. 生物多样性与自然保护通讯, 60(3): 3–5.

周翔, 高江云. 2011. 珍惜濒危植物的回归: 理论与实践[J]. 生物多样性, 19(1): 97–105.

朱华, 闫丽春. 2012. 云南西双版纳野生种子植物[M]. 北京: 科学出版社.

Ackerman JD. 1986. Mechanisms and evolution of food deceptive pollination systems in orchids [J]. Lindleyana. 1: 108-113.

Ackerman JD, Meléndez-Ackerman EJ, Salguero-Faría J. 1997. Variation in pollinator abundance and selection on fragrance phenotypes in an epiphytic orchid[J]. American Journal of Botany. 84: 1383-1390.

Ackerman JD. 2000. Abiotic pollen and pollination: ecological, functional, and evolutionary perspectives [J]. Plant Systematics and Evolution. 222: 167-185.

Anandan N. 1924. Observations on the habits of the pepper vine with special reference to the reproductive phase. Madras Department of Agriculture Yearbook. 49-69.

Anderson AB. 1991. Symbiotic and asymbiotic germination and growth of *Spiranthes magnicamporum* (Orchidaceae)[J]. Lindleyana. 6: 183-186.

Aragón S, Ackerman JD. 2001. Density effects on the reproductive success and herbivory of *Malaxis massonii*[J]. Lindleyana. 16: 3-12.

Arditti J. 1967. Factors affecting the germination of orchid seeds [J]. The Botanical Review. 33: 1-97.

Arditti J, Michaud JD, Oliva AP. 1981. Seed germination of North American orchids. I. Native California and related species of *Calypso, Epipactis, Goodyera, Piperia*, and *Platanthera* [J]. Botanical Gazette.142: 442-453.

Arditti J, Ernst R. 1984. Physiology of germination orchid seeds. In: Arditti J (ed) Orchid biology – reviews and perspectives [M]. Cornell University Press: Ithaca, New York. 177-222.

Arditti J, Ghani AKA. 2000. Numerical and physical properties of orchid seeds and their biological implications [J]. New Phytologist. 145: 367-421.

Arista M, Ortiz PL, Talavera S. 1999. Apical pattern of fruit production in the racemes of *Ceratonia siliqua* (Leguminosae: Caesalpinoideae): role of pollinators [J]. American Journal of Botany. 86: 1708-1716.

Backhouse GN. 2007. Are our orchids safe down under? A national assessment of threatened orchids in Australia [J]. Lankesteriana. 7: 28-43.

Ballard WW. 1987. Sterile propagation of *Cypripedium reginae* from seeds [J]. American Orchid Society Bulletin. 56.

Balmford A, Garston GJ, Blyth S, James A, Kapos V. 2003. Global variation in conservation costs, conservation benefits, and unmet conservation needs [J]. Proceedings of the National Academy of Sciences of the United States of America. 100: 1046-1050.

Barnosky AD, Matzke N, Tomiya S, Wogan GOU, Swart B, Quental TB, Marshall C, McGuire JL, Lindsey EL, Maguire KC, Mersey B, Ferrer EA. 2011. Has the earth's sixth mass extinction already arrive? [J]. Nature. 471: 51-57.

Barrett SCH. 1985. Floral trimorphism and monomorphism in continental and island populations of *Eichhornia paniculata* (Spreng.) Solms. (Pontederiaceae) [J]. Biological Journal of the Linnean Society. 25: 41-60.

Barrett SCH. 1996. The reproductive biology and genetics of island plants [J]. Philosophical Transactions of the Royal Society B: Biological Sciences. 351: 725-733.

Batty AL, Dixon KW, Brundrett M, Sivasithamparam K. 2001. Constraints to symbiotic germination of terrestrial orchid seed in a Mediterranean bushland [J]. New Phytologist. 152: 511- 520.

Batty AL, Dixon KW, Brundrett MC, Sivasithamparam K. 2002. Orchid conservation and mycorrhizal associations. In: Sivasithamparam K, Dixon KW, Barrett RL (eds) Microorganisms in Plant Conservation and Biodiversity [M]. Kluwer Academic Publishers: Dordrecht. 195-226.

Berjano R, de Vega C, Arista M, Ortiz PL, Talavera S. 2006. A multi-year study of factors affecting fruit production in *Aristolochia paucinervis* (Aristolochiaceae) [J]. American Journal of Botany. 93: 599-606.

Bidartondo MI, Bruns TD. 2005. On the origins of extreme mycorrhizal specificity in the Monotropoideae (Ericaceae): performance trade-offs during seed germination and seedling development [J]. Molecular Ecology. 14: 1549-1560.

Borba EL, Semir J. 1998. Wind-assisted fly pollination in three *Bulbophyllum* (Orchidaceae) species occurring in the Brazilian campos rupestres [J]. Lindleyana. 13: 203-218.

Borba EL, Semir J. 1999. Temporal variation in pollinarium size after its removal in species of *Bulbophyllum*: a different mechanism preventing self-pollination in Orchidaceae [J]. Plant Systematics and Evolution. 217: 197-204.

Brundrett MC, Scade A, Batty AL, Dixon KW. 2003. Development of *in situ* and *ex situ* seed baiting techniques to detect mycorrhizal fungi from terrestrial orchid habitats [J]. Mycological Research. 107: 1210-1220.

Bynum MR, Smith WK. 2001. Floral movement in response to thunderstorms improve reproductive effort in the alpine species *Gentiana algida* (Gentianaceae) [J]. American Journal of Botany. 88: 1088-1095.

Calvo RN. 1993. Evolutionary demography of orchids: intensity and frequency of pollination and the cost of fruiting [J]. Ecology. 74: 1033-1042.

Cardoso P, Borges PAV, Triantis KA, Ferrández MA, Martín JL. 2011. Adapting the IUCN red list criteria for invertebrates [J]. Biological Conservation. 144: 2432-2440.

Catling PM.1980. Rain-assisted autogamy in *Liparis loeselii* (L.) L.C.Rich. (Orchidaceae) [J]. Bulletin of the Torrey Botanical Club. 107: 525-529.

Catling PM.1990. Auto-pollination in the Orchidaceae. In: Arditti J (ed) Orchid biology reviews and perspectives, vol.5 [M]. Timber Press: Portland. 121-158.

Chen SC, Liu ZJ, Zhu GH, Lang KY, Ji ZH, Luo YB, Jin XH, Cribb PJ, Wood JJ, Gale SW, Ormerod P, Vermeulen JJ, Wood HP, Clayton D, Bell A. 2009. ORCHIDACEAE. In: Wu ZY, Raven PH, Hong DY (eds) Flora of China vol. 25 [M]. Science Press, Beijing, Missouri Botanical Garden Press, St. Louis, USA.

Corbet SA. 1990. Pollination and the weather [J]. Israel Journal of Botany. 39: 13-30.

Corbet SA, Plumridge JR. 1985. Hydrodynamics and the germination of soil-seed rape pollen [J]. Journal of Agricultural Science. 104: 445-451.

Cox PA. 1988. Hydrophilous pollination [J]. Annual Review of Ecology and Systematics. 19: 261-280.

Cozzolino S, Widmer A. 2005. Orchid diversity: an evolutionary consequence of deception? [J]. Trends in Ecology and Evolution. 20: 487-494.

Cribb P. 2001. Orchidaceae. In: Pridgeon, Cribb AM, Chase P. eds. MedsGenera Orchiedacearum [M]. Oxford University Press, Oxford. 1: 92.

Culley M, Weller SG, Sakai AK. 2002 . The evolution of wind pollination in angiosperms [J]. Trends in Ecology & Evolution. 17: 361-369.

Currah RS, Zelmer CD, Hambleton S, Richardson KA. 1997. Fungi from orchid mycorrhizas. In: Arditti J, Pridgeon AM. 1997. Orchid Biology: Reviews and Perspectives, VII [M]. Kluwer Academic Publications (Borneo): Kota Kinabalu, Sabah. 117-170.

Dafni A. 1984. Mimicry and deception in pollination [J]. Annual Review of Ecology and Systematics. 15: 259-278.

Dafni A. 1986. Floral mimicry-mutualism and unidirectional exploitation of insect by plants. In: Juniper B, Southwood R (eds) Insect and the Plant Surface [M]. Edward Arnold: London. 81-90.

Dafni A, Bernhardt P. 1990. Pollination of terrestrial orchids of Southern Australia and the Mediterranean region. In: Hecht MK, Wallace B, Macintyre RJ (eds) Evolutionary Biology. vol. 24 [M]. Plenum Press: New York. 193-252.

Darwin C. 1862. On the Various Contrivances by Which British and Foreign Orchids are Fertilized by Insects, and on the good effect of intercrossing [M]. John Murray: London.

Darwin C. 1876. The effects of cross and self fertilisation in the vegetable kingdom [M].

Appleton: New York.

Daumann E. 1970. Zur Frage nach der Bestubung durch Regen (Ombrogamie) [J]. Preslia. 42: 220-224.

de Figueiredo RA, Sazima M. 2000. Pollination biology of Piperaceae species in southeastern Brazil [J]. Annals of Botany. 85: 455-460.

de Figueiredo RA, Sazima M. 2004. Pollination Ecology and Resource Partitioning in Neotropical Pipers. In: Dyer LA, Palmer ADN (eds) Piper: A Model Genus for Studies of Phytochemistry, Ecology, and Evolution [M]. Kluwer Academic / Plenum Publishers: New York. 33-57.

Dearnaley JDW. 2007. Further advances in orchid mycorrhizal research [J]. Mycorrhiza. 17: 475-486.

Dressler RL. 1981. The Orchids. Natural History and Classification [M]. Harvard University Press: Cambridge.

Dressler RL. 1993. Phylogeny and Classification of the Orchid Family [M]. Cambridge University Press: Melbourne.

Ernst R. 1982. Orchid seed germination and seedling culture - a manual: *Paphiopedilum*. In: Arditti J (ed) Orchid biology - reviews and perspectives [M]. Cornell University Press: Ithaca, New York. 350-353.

Fægri K, van der Piji L. 1979. The principles of pollination ecology [M]. Pergamon Press: New York.

Fan XL, Barrett SCH, Lin H, Chen LL, Zhou X, Gao JY. 2012. Rain pollination provides reproductive assurance in a deceptive orchid [J]. Annals of Botany. 110: 953-958.

Fay MF, Krauss SL. 2003. Orchid conservation genetics in the molecular age. In: Dixon KW, Kell SP, Barrett RL, Cribb PJ (eds) Orchid Conservation [M]. Natural History Publications: Sabah, Borneo. 91-112.

Feldmann P, Barre N, Ffrench C. 2005. Diversity and threats on orchid's resources from Guadeloupe, West Indies. In: Raynal Roque, A Roguenant, Prat D (eds) Proceedings of the 18th world orchid conference, March 11-20, 2005, Dijon-France [C]. Nuturalia, Turriers, F. 193-197.

Feldmann P, Prat D. 2011. Conservation recommendations from a large survey of French orchids [J]. European Journal of Environmental Sciences. 1: 18-27.

Furman TE, Trappe JM. 1971. Phylogeny and ecology of mycotrophic achlorophyllous angiosperms [J]. The Quarterly Review of Biology. 46: 219-225.

Galizia CG, Kunze J, Gumbert A, Borg-Karlson AK, Sachse S, Markl C, Menzel R. 2005. Relationship of visual and olfactory signal parameters in a food-deceptive flower mimicry system [J]. Behavioral Ecology. 16: 159-168.

Gärdenfors U, Hilton-Taylor C, Mace GM, Rodríguez JP. 2001. The application of IUCN red list criteria at regional levels [J]. Conservation Biology. 15: 1206-1212.

Gill DE. 1989. Fruiting failure, pollinator inefficiency and speciation in orchids. In: Otte D, Endler JA (eds) Speciation and its consequences [M]. Academy of Natural Science: Philadelphia. 456-481.

Godo T, Komori M, Nakaoki E, Yukawa T, Miyoshi K. 2010. Germination of mature seeds *of Calanthe tricarinata* Lindl., an endangered terrestrial orchid, by asymbiotic culture *in vitro* [J]. In Vitro Cellular & Developmental Biology – Plant. 46: 323-328.

González-Mancebo JM, Dirkse GM, Patiňo, Romaguera F, Werner O, Ros RM,

Martín JL. 2012. Applying the IUCN red list criteria to small-sized plants on oceanic islands: conservation implications for threatened bryophytes in the Canary Islands [J]. Biodiversity and Conservation. 21: 3613-3636.

Guerrant EO. 1996. Designing populations: demographic, genetic, and horticultural dimensions. In: Falk DA, Millar CI, Olwell M (eds) Restoring Diversity [M]. Island Press: Washington, 171-208.

Guerrant EO, Kaye TN. 2007. Reintroduction of rare and endangered plants: common factors, questions and approaches [J]. Australian Journal of Botany. 55: 362-370.

Gumbert A, Kunze J. 2001. Colour similarity to rewarding model plants affects pollination in a food deceptive orchid, *Orchis boryi* [J]. Biological Journal of the Linnean Society. 72: 419-433.

Gustavo AR. 1996. The orchid family. In: Hágsater E, Dumont V(eds) Orchids-Status Survey and Conservation Action Plan [M]. IUCN, Gland and Cambridge. 3-4.

Hadley G. 1982. Orchid mycorrhiza. In: Arditti J (ed). Orchid Biology: Reviews and Perspectives, II [M]. Cornell University Press: New York, 82-118.

Hagerup O. 1950. Rain-pollination [J]. Biologiske Med-delelser [Kongelige Danske Videnskabernes Selskab]. 18: 1-19.

Hagerup O. 1951. Pollination in the Faroes-in spite of rain and poverty in insects [J]. Ejnar Munksgaard. 18: 1-48.

Hágsater EE, Dumont VE. 1996. Status survey and conservation action plan: Orchids [M]. IUCN, Gland: Switzerland & Cambridge, UK.

Hallingbäck T. 2007. Working with Swedish cryptogam conservation [J]. Biological Conservation. 135: 334-340.

Hallingbäck T, Hodgetts NG. 2000. Mosses, liverworts, and hornworts: status survey and conservation action plan for bryophytes [M]. IUCN, Gland.

Hallingbäck T, Hodgetts NG, Raeymaekers G, Schumacker G, Sérgio R, Söderström C, Stewart N, Váňa J. 1998. Guidelines for the application of the revised IUCN threat categories to bryophytes [J]. Lindbergia. 23: 6-12.

Heslop-Harrison J. 1987. Pollen germination and pollen tube growth [J]. International Review of Cytology. 107: 1-78.

Howell DJ, Roth BS. 1981. Sexual reproduction in agaves: the benefits of bats, the cost of semelparous advertising [J]. Ecology. 62: 1-7.

Huang SQ, Takahashi Y, Dafni A. 2002. Why does the flower stalk of *Pulsatilla cernua* (Ranunculaceae) bend during anthesis?[J]. American Journal of Botany. 89: 1599-1603.

Huynh TT, McLean CB, Coates F, Lawrie AC. 2004. Effect of developmental stage and peloton morphology on success in isolation of mycorrhizal fungi in *Caladenia formosa* (Orchidaceae) [J]. Australian Journal of Botany. 52: 231-241.

IUCN. 1998. Guidelines for Re-introductions. Prepared by the IUCN/SSC Reintroduction Specialist Group [M]. IUCN Gland, Switzerland and Cambridge, UK.

Jacquemart AL. 1996. Selfing in Narthecium ossifragum (Melanthiaceae)[J]. Plant Systematics and Evolution. 203: 99-110.

Jacquemyn H, Micheneau C, Roberts DL, Pailler T. 2005. Elevation gradients of species diversity, breeding system and floral traits of orchid species on Reunion Island [J]. Journal of Biogeography. 32: 1751-1761.

Jersáková J, Johnson SD, Kindlmann P. 2006. Mechanisms and evolution of deceptive pollination in orchids [J]. Biological Reviews. 81: 219-235.

Johnson SD, Bond WJ. 1997. Evidence for widespread pollen limitation of fruiting success in Cape wildflowers [J]. Oecologia. 109: 530-534.

Johnson SD, Edwards TJ. 2000. The structure and function of orchid pollinia [J]. Plant Systematics and Evolution. 222: 243-269.

Johnson SD, Peter CI, Agren J. 2004. The effects of nectar addition on pollen removal and geitonogamy in the non-rewarding orchid *Anacamptis morio* [J]. Proceedings of the Royal Society of London Series B-Biological Sciences. 271: 803-809.

Johnson TR, Stewart SL, a Dutra D, Kane ME, Richardson L. 2007. Asymbiotic and symbiotic seed germination of *Eulophia alta* (Orchidaceae)—preliminary evidence for the symbiotic culture advantage [J]. Plant Cell, Tissue and Organ Culture. 90: 313-323.

Jones DL, Gray B. 1976. The pollination of *Bulbophyllum longiflorum* Thouars [J]. American Orchid Society Bulletin. 45: 15-17.

Katifori E, Alben S, Cerda E, Nelson DR, Dumais J. 2010. Foldable structures and the natural design of pollen grains [J]. Proceedings of the National Academy of Sciences of the United States of America. 107: 7635-7639.

Kirchner O. 1922. Zur Selbstbestaubung der Orchidaceein [J]. Berichte der Deutschen Botanischen Gesellschaft. 40: 317-321.

Knudson L. 1954. Storage and viability of orchid seed [J]. American Orchid Society Bulletin. 22: 260-261.

Lambin E, Geist H, Lepers E. 2003. Dynamics of land-use and land-cover change in tropical regions [J]. Annual Review of Environment and Resources. 28: 205-241.

Li HM, Adie TM, Ma YX, Liu WJ, Cao M. 2007. Demand for rubber is causing the loss of high diversity rain forest in SW China [J]. Biodiversity and Conservation. 16: 1731-1745.

Liu KW, Liu ZJ, Huang LQ, Li LQ, Chen LJ, Tang GD. 2006. Self-fertilization strategy in an orchid [J]. Nature. 441: 945-946.

Lundqvist A. 1992. The self-incompatibility system in *Caltha palustris* (Ranunculaceae) [J]. Hereditas. 117: 145-151.

Maes D, Vanreusel W, Jacobs I, Berwaerts K, Dyck HV. 2012. Applying IUCN red list criteria at a small regional level: a test case with butterflies in Flanders (north Belgium) [J]. Biological Conservation. 145: 258-266.

Mant J, Brown GR, Weston PH. 2005. Opportunistic pollinator shifts among sexually deceptive orchids indicated by a phylogeny of pollinating and non-pollinating thynnine wasps (Tiphiidae) [J]. Biological Journal of the Linnean Society. 86: 381-395.

Mao YY, Huang SQ. 2009. Pollen resistance to water in 80 angiosperm species: flower structures protect rain-susceptible pollen [J]. New Phytologist, 183: 892–899.

Martin KP. 2003. Clonal propagation, encapsulation and reintroduction of *Ipsea malabarica* (Reichb. f.) J.D. Hook. and endangered orchid [J]. In Vitro Cellular and Developmental Biology Plant. 39: 322-326.

Martín JL. 2009. Are the IUCN standard home-range thresholds for species a good indicator to prioritize conservation urgency in small islands? A case study in the Canary Islands (Spain) [J]. Journal for Nature Conservation. 17: 87-98.

Masuhara G, Katsuya K. 1994. *In situ* and *in vitro* specificity between *Rhizoctonia* spp. and *Spiranthes sinensis* (Persoon) Ames. var. *amoena* (M. Bieberstein) Hara (Orchidaceae) [J]. New Phytologist. 127: 711-718.

Maunder M. 1992. Plant reintroduction: an overview [J]. Biodiversity and Conservation 1:51-61.

McKendrick SL, Leake JR, Taylor DL, Read DJ. 2000. Symbiotic germination and development of myco-heterotrophic plants in nature: ontogeny of *Corallorhiza trifida* and characterization of its mycorrhizal fungi [J]. New Phytologist. 14: 523-537.

Mehrhoff LA. 1983. Pollination in the genus *Isotria* (Orchidaceae) [J]. American Journal of Botany. 70:1444-1453.

Micheneau C, Fournel J, Gauvin-Bialecki A, Pailler T. 2008. Auto-pollination in a long-spurred endemic orchid (*Jumellea stenophylla*) on Reunion Island (Mascarene Archipilago, India Ocean) [J]. Plant Systematics and Evolution. 272: 11-22.

Micheneau C, Fournel J, Pailler T. 2006. Bird pollination in an angraecoid orchid on Reunion Island (Mascarene Archipelago, Indian Ocean) [J]. Annals of Botany. 97: 965-974.

Micheneau C, Fournel J, Warren BH, Hugel S, Gauvin-Bialecki A, Pailler T, Strasberg D, Chase MW. 2010. Orthoptera, a new order of pollinator [J]. Annals of Botany. 105: 355-364.

Micheneau C, Johnson SD, Fay MF. 2009. Orchid pollination: from Darwin to the present day [J]. Botanical Journal of the Linnean Society. 161: 1-19.

Milner-Gulland EJ, Kreuzberg-Mukhina E, Grebot B, Ling S, Bykova E, Abdusalamov I, Bekenov A, Gärdenfors U, Hilton-Taylor C, Salnikov V, Stogova L. 2006. Application of IUCN red listing at regional and national levels: a case study from Central Asia [J]. Biodiversity and Conservation. 15: 1873-1886.

Myers N, Knoll A. 2001. The biotic crisis and the future of evolution [J]. Proceedings of the National Academy of Sciences of the United States of America. 98: 5389-5392.

Neiland MRM, Wilcock CC. 1998. Fruit set, nectar reward, and rarity in the Orchidaceae [J]. American Journal of Botany. 85: 1657-1671.

Nepi M, Franchi GG, Pacini E. 2001. Pollen hydration status at dispersal: cytophysiological features and strategies [J]. Protoplasma. 216: 171-180.

Nilsson LA. 1992. Orchid pollination biology [J]. Trends in Ecology and Evolution. 7: 255-259.

Novacek MJ, Cleland EE. 2012. The current biodiversity extinction event: scenarios for mitigation and recovery [J]. Proceedings of the National Academy of Sciences. 98(10): 5466-5470.

Oddie RLA, Dixon KW, McComb JA. 1994. Influence of substrate on asymbiotic and symbiotic *in vitro* germination and seedling growth of two Australian terrestrial orchids [J]. Lindleyana. 9: 183-189.

Ormerod P. 2010. Orchidaceous Additions to the flora of Yunnan [J]. Taiwania. 55: 24-27.

Pansarin LM, Pansarin ER, Sazima M. 2008. Facultative autogamy in *Cyrtopodium*

polyphyllum (Orchidaceae) through a rain-assisted pollination mechanism [J]. Australian Journal of Botany. 56: 363-367.

Pauw MD, Remphrey WR. 1993. *In vitro* germination of three *Cypripedium* species in relation to time of seed collection, media, and cold treatment [J]. Canadian journal of botany. 71: 879-885.

Pavlik B. 1996. Defining and measuring success. In: Falk DA, Millar CI, Olwell M (eds) Restoring diversity: strategies for reintroduction of Endangered plants [M]. Island Press: Washington, DC. 127-155.

Pereira HM, Leadley PW, Proença V, Alkemade R, Scharlemann JPW, Fernandez-Manjarrés JF, Araújo MB, Balvanera P, Biggs R, Cheung WW, Chini L, Cooper HD, Gilman EL, Guéntte S, Hurtt GC, Huntington HP, Mace GM, Oberdoff T, Revenga C, Rodrigues P, Scholes RJ, Sumaila UR, Walpole M. 2010. Scenarios for global biodiversity in the 21ˢᵗ century [J]. Science. 330: 1496-1501.

Peter CI, Johnson SD. 2009. Autonomous self-pollination and pseudo-fruit set in South African species of *Eulophia* (Orchidaceae) [J]. South African Journal of Botany. 75: 791-797.

Ramsay MM, Dixon KW. 2003. Propagation science, recovery and translocation of terrestrial orchids. In: Dixon KW, Kell SP, Barrett RL, Cribb PJ (eds) Orchid Conservation [M]. Natural History Publications: Kota Kinabalu, Sabah. 259-288.

Rasmussen HN. 1995. Terrestrial orchids: from seed to mycotrophic plant [M]. Great Britain at the University Press: Cambridge.

Rasmussen HN, Whigham DF. 1993. Seed ecology of dust seeds in situ a new study technique and its application in terrestrial orchids [J]. American Journal of Botany. 80: 1374-1378.

Rasmussen HN, Whigham DF. 1998. The underground phase: a special challenge in studies of terrestrial orchid populations [J]. Botanical Journal of the Linnean Society. 126: 49-64.

Ridley HN. 1890. On the methods of fertilization in Bulbophyllum macranthum, and allied orchids [J]. Annals of Botany. 4: 327-336.

Roberts DL. 2003. Pollination biology: the role of sexual reproduction in orchid conservation. In: Dixon KW, Kell SP, Barrett RL, Cribb PJ (eds) Orchid conservation [M]. Natural History Publications: Kota Kinabalu, Sabah. 113-136.

Samira C, Satyakam G, Rao U. 2009. Micropropagation of orchids: a review on the potential of different explants. Scientia Horticulturae. 122: 507-520.

Sasikumar B, George JK, Ravindran PN. 1992. Breeding behaviour of black pepper [J]. The Indian Journal of Genetics and Plant Breeding. 52:17-21.

Schemske DW. 1980. Evolution of floral display in the orchid *Brassavola nodosa* [J]. Evolution. 34: 489-493.

Seaton PT. 2007. Establishing a global network of orchid seed banks [J]. Lankesteriana. 7: 371-375.

Seaton PT, Pritchard HW. 2003. Orchid germplasm collection, storage and exchange. 227-258. In: K.W..Dixon, S. Kell, R. Barrett and P. Cribb (eds). Orchid conservation [M]. Natural History Publications (Borneo), Kota Kinabalu, Sabah.

Seaton PT, Pritchard HW. 2011. Orchid seed stores for sustainable use: a model for future seed banking activities [J]. Lankesteriana. 11: 349-353.

Seaton PT, Ramsay M. 2005. Growing orchids from seed [M]. Mondadori, Royal Botanic Gardens, Kew, UK.

Seeni S, Latha PG. 2000. *In vitro* multiplication and ecorehabilitation of the endangered Blue *Vanda* [J]. Plant Cell, Tissue and Organ Culture. 61: 1-8.

Sherry RA, Galen C. 1998. The mechanism of floral heliotropism in the snow buttercup, *Ranunculus adoneus* [J]. Plant Cell and Environment. 21: 983-993.

Smith ZF, James EA, McLean CB. 2007. Experimental reintroduction of the threatened terrestrial orchid *Diuris fragrantissima* [J]. Lankesteriana. 7: 377-380.

Sprengel CK. 1793. Das entdeckte Geheimnis der Natur im Bau und in der Befruchtung der Blumen (Reprinted 1972) [M]. Weldon and Wesley: New York.

Stebbins GL. 1957. Self-fertilization and population variability in higher plants [J]. American Naturalist. 91: 337-354.

Stewart SL. 2008. Orchid reintroduction in the United States: a mini-review [J]. North American Native Orchid Journal. 14: 54-59.

Stewart SL, Kane ME. 2006. Asymbiotic seed germination and in vitro seedling development *of Habenaria macroceratitis* (Orchidaceae), a rare Florida terrestrial orchid [J]. Plant Cell, Tissue and Organ Culture. 86: 147-158.

Stewart SL, Kane ME. 2007a. Orchid conservation in the Americas-lessons learned in Florida [J]. Lankesteriana. 7: 382-387.

Stewart SL, Kane ME. 2007b. Symbiotic seed germination and evidence for *in vitro* mycobiont specificity in *Spiranthes brevilabris* (Orchidaceae) and its implications for species level conservation [J]. In Vitro Cellular and Development Biology – Plant. 43: 178-186.

Stewart SL, Zettler LW, Minso J, Brown PM. 2003. Symbiotic germination and reintroduction of *Spiranthes brevilabris* Lindley, an endangered orchid native to Florida [J]. Selbyana. 26: 64-70.

Swarts ND, Batty AL, Hopper S, Dixon KW. 2007. Does integrated conservation of terrestrial orchids work? [J]. Lankesteriana. 7: 219-222.

Swarts ND, Dixon KW. 2009. Perspectives on orchid conservation in botanic gardens [J]. Trends in Plant Science 14: 590-598.

Sun JF, Gong YB, Renner SS, Huang SQ. 2008. Multifunctional bracts in the dove tree *Davidia involucrata* (Nyssaceae: Cornales): rain protection and pollinator attraction [J]. The American Naturalist. 171: 119-124.

Takahashi H, Nishio E, Hayashi H. 1993. Pollination biology of the saprophytic species *Petrosavia sakuraii* (Makino) van Steenis in central Japan [J]. Journal of Plant Research. 106: 213-217.

Tan KH, Nishida R. 2007. Zingerone in the floral synomone of *Bulbophyllum baileyi* (Orchidaceae) attracts Bactrocera fruit flies during pollination [J]. Biochemical Systematics and Ecology. 35: 334-341.

Tan YH, Hsu TC, Pan B, Li JW, Liu Q. 2012. *Gastrodia albidoides* (Orchidaceae: Epidendroideae), a new species from Yunnan, China [J]. Phytotaxa. 66: 38-42.

Taylor LP, Heplor PK. 1997. Pollen germination and tube growth [J]. Annual Review of Plant Physiology and Plant Molecular Biology. 48: 461-491.

Totland ö. 1994. Intraseasonal variation in pollination intensity and seed set in an alpine population of *Ranunculus acris* in southwestern Norway [J]. Ecography. 17: 159-165.

Tremblay RL, Ackerman JD, Zimmerman JK, Calvo RN. 2005. Variation in sexual reproduction in orchids and its evolutionary consequences: a spasmodic journey to diversification [J]. Biological Journal of the Linnean Society. 84: 1-54.

van der Pijg L, Dodson CH. 1969. Orchid Flowers: Their Pollination and Evolution 2nd edn [M]. University of Miami Press: Coral Gables.

Waes JM, Debergh PC. 1986. Adaptation of the tetrazolium method for testing the seed viability, and scanning electron microscopy study of some Western European orchids [J]. Physiologia Plantarum. 66: 435- 442.

Wang H, Fang HY, Wang YQ, Duan LS, Guo SX. 2011. In situ seed baiting techniques in *Dendrobium officinale* Kimuraet Migo and *Dendrobium nobile* Lindl.: the endangered Chinese endemic *Dendrobium* (Orchidaceae) [J]. World Journal of Microbiology & Biotechnology. 27: 2051- 2059.

Whigham DF, O'Neil J. 1991. The dynamics of flowering and fruit production in two eastern North American terrestrial orchids, *Tipularia discolor* and *Liparis lilifolia*. In: Wells TCE, Willems JH (eds) Population Ecology of Terrestrial Orchids [M]. SPB Academic Publishing: The Hague, Netherlands.

Wickler W. 1968. Mimicry in plants and animals [M]. Weidenfeld and Nicolson: London.

Wiens E. 1978. Mimicry in plants [J]. Evolutionary Biology. 11: 365-403.

Wing YT, Thame A. 2001. Orchid Conservation at the Singapore Botanic Gardens. In: Barrett RL, Dixon KW (eds) First International Orchid Conservation Congress Book of Extended Abstracts [M]. Plant Conservation Association Inc: Perth, Western Australia, 26.

Wright M, Cross R, Dixon K, Huynh T, Lawrie A, Nesbitt L, Prichard A, Swarts N, Thomson R. 2009. Propagation and reintroduction of *Caladenia* [J]. Australian Journal of Botany. 57: 373-387.

Xiang XG, Li DZ, Jin WT, Zhou HL, Li JW, Jin XH. 2012. Phylogenetic placement of the enigmatic orchid genera *Thaia* and *Tangtsinia*: evidence from molecular and morphological characters [J]. Taxon. 61: 45-54.

Yamazaki J, Miyoshi K. 2006. In vitro asymbiotic germination of immature seed and formation of protocorm by *Cephalanthera falcata* (Orchidaceae) [J]. Annals of Botany. 98: 1197-1206.

Zelmer CD, Currah RS. 1997. Symbiotic germination of *Spiranthes lacera* (Orchidaceae) with naturally occurring endophyte [J]. Lindleyana. 12: 142-148.

Zettler LW, Piskin KA, Stewart SL, Hartsock JJ, Bowles ML, Bell TJ. 2005. Protocorm mycobionts of the Federally threatened eastern prairie fringed orchid, *Platanthera leucophaea* (Nutt.) Lindley, and a technique to prompt leaf elongation in seedlings [J]. Studies in Mycology, 53, 163-171.

Zhang D, Saunders R. 2000. Reproductive biology of a mycoheterotrophic species, *Burmannia wallichii* (Burmanniaceae) [J]. Biological Journal of the Linnean Society. Linnean Society of London. 132: 359-367.

Zhou X, Lin H, Fan XL, Gao JY. 2012. Autonomous self-pollination and insect visitation in a saprophytic orchid, *Epipogium roseum* (D.Don) Lindl [J]. Australian Journal of Botany. 60: 154-159.

Zhu H, Wang H, Li B, Sirirugsa P. 2003. Biogeography and floristic affinity of the limestone flora in southern Yunnan, China [J]. Annals of the Missouri Botanical Garden. 90: 444-465.

Zhu H, Cao M, Hu HB. 2006. Geological history, flora, and vegetation of Xishuangbanna, southern Yunnan, China [J]. Biotropica. 38: 310-317.

Index | 索 引

中文名索引

拉丁名索引

$\mathcal{A}$cknowledgements | 致 谢

　　中国科学院西双版纳热带植物园、西双版纳傣族自治州国家级自然保护区管理局和中国科学院植物研究所联合资助和开展了"西双版纳地区兰科植物多样性调查和濒危状态评估"项目。本书涉及的部分研究内容中，国家自然科学基金资助了"多花脆兰雨水传粉机制的适应意义和进化含义"项目（31170358）；西双版纳傣族自治州科技局资助了"基于种子共生萌发基础上的药用石斛仿生态栽培技术研究"项目。中国科学院西双版纳热带植物园、西双版纳傣族自治州国家级自然保护区管理局和中国科学院西双版纳热带植物园"一三五"项目之培育方向五"热带园艺和环境教育"共同资助了本书的出版。特此致谢！

$\mathcal{A}$uthors ｜ 作者简介

高江云

男，云南马龙人，1970年生，博士，研究员。1992年7月毕业于南京农业大学园艺系观赏园艺专业，获农学学士学位；2004年9月至2008年1月为中国科学院西双版纳热带植物园在职博士研究生，获理学博士学位。从1992年起一直在西双版纳热带植物园工作，2008年后专注于兰科植物综合保护研究。现为中国植物学会兰花分会常务理事、中国野生植物保护协会兰花保育委员会委员。

刘 强

男，甘肃陇西人，1980年生。2004年毕业于中国农业大学植物保护系，2008年至2011年于中国科学院西双版纳热带植物园在职学习，获硕士学位。目前在中国科学院西双版纳热带植物园从事兰科植物的分类与保护生物学方面的研究工作。已在国内外期刊发表论文15篇，参与完成的"西双版纳国家级自然保护区野生兰科植物保护与合理利用"项目获得西双版纳州科技进步奖三等奖。

余东莉

女，云南景洪人，1971年生。1990年毕业于云南省林业学校林学专业，2002年至2004年在华南热带农业大学学习，获得大学本科学历。目前在西双版纳傣族自治州国家级自然保护区科研所从事野生兰科植物保护及开发利用研究。已在国内期刊发表论文7篇，承担的"齿瓣石斛的无菌播种研究"项目获西双版纳州科技进步奖三等奖；参与完成的"西双版纳国家级自然保护区野生兰科植物保护与合理利用"项目获西双版纳州科技进步奖三等奖。